清华大学风景园林设计研究理论丛书

Transparency of Landscape Architecture and

Design Approaches Based on Revealing Differences

景观

透明性与基于差异显现的设计方法

魏方　著

中国建筑工业出版社

序

记得2013年清华景观学系建系十周年的时候杨锐老师安排我们做学术报告，当时没有什么研究点，便花了些精力细读《韩熙载夜宴图》，在对这幅极为特殊的叙事性图像的研究过程中我产生了一种莫名的通感关联起了柯林罗的话题性建筑设计理论著作《透明性》，可以说是风景园林设计领域透明性研究的一个起点，非常直觉、懵懂和不成熟，那年魏方老师在清华开启了博士研究的旅程，之后用五年的光阴将风景园林学领域的透明性研究带到了真正意义的理论高度。

1963年柯林罗和斯拉茨基perspecta发表《透明性》，由于其中涉及对于柯布西耶和格罗皮乌斯作品的品评并表现出了鲜明的态度，在建筑圈引起了轩然大波，话题的背后是对于现代建筑设计理论的深刻触动。如果说学科价值内核的驱动轴总是从文学到艺术到建筑再到风景园林的话，那么将"透明性"引入似乎是顺理成章了。然而事实并非如此，因为透明性概念和理论从来没有被真正讨论清楚过，也远未达成共识，将一个热度已经至少过去半个多世纪的"过气"理论引入风景园林，必要性何在？

从这个意义上讲，魏方老师的《景观透明性与基于差异显现的设计方法研究》是一篇风景园林学科设计理论领域重要的学术论文，其不仅系统地建构了风景园林学科的透明性概念和应用理论体系，并且实质上论证出当代景观设计中的透明性意识并不是可有可无的，景观透明性表达的出现和共识是规律性的，它代表着人类文明价值观增值的历史趋势。

本书改写自魏方老师的博士论文，逻辑构筑非常严密，第一步便是对透明性概念的溯源，系统梳理了透明性理论从文学到绘画雕塑艺术再到建筑领域的演替过程，这一梳理工作显示出相当的完整性和理微力度，有趣的是章节最后增筑了东方文化对于时空的思辨，透明性的要义在于对原有关系的打破、重组和涉及相应技术，东方文化显示出某种"透明性"的历史底蕴，从而也使得本研究显示出其文化视野的宽度。

透明性的溯源为研究提供了相对坚固的理论基础，但论述目的仍是如何将透明性引入景观，作者在第3章景观透明性概念确立之前探讨了当代景观设计的价值取向，尤其是人类社会进入后现代化之后所呈现的矛盾差异共存的现象和事实，从更宏观的角度铺垫了透明性作为当代社会本底特点的时代性特征，并将透明性与差异性进行关联性的建构，继而再于第4章探讨定义"景观透明性"的概念。本书提出景观透明性的核心要义归纳为差异性解蔽并存，主客体互动而成的多元和深层洞察的知觉现象。建立区别于与建筑学和其他学科透明性特征的价值体系是关键性的，毕竟不同学科所关注的问题是不同的，风景园林学科的透明性更多涉及土地、生态和文化伦理可持续的必需性，而非基于纯设计的视觉体验的初衷，使得透明性带有风景园林学科先天的自我属性。书中提出透明性的学科语境是浸入式和过程性时空体验，具有水平性和开放性，形成公共职能叠加以及场地信息嵌叠，同时书中确立了体验（意义建构）、感知（物质建构）和生活（功用建构）三元关系，可为后续的应用性理论框架提供基础条件。

第5章试图通过例证（作者强调了大量的案例）论证透明性在景观空间的呈现和载体层次，并清晰地将其归纳为界面-空间-时空体这一从2D到4D的具有鲜明风景园林学科特点的层次规律，将理论引向可操作的规划设计层面。

与绘画、雕塑、建筑和城市设计相比，风景园林有着非常特殊的土地伦理色彩，透明性理论也便有了更加刚性和明确的现实意义，期待并祝愿魏方老师今后能够不断为设计界输出更加精进的研究成果。

朱育帆

清华大学建筑学院景观学系

2021年12月20日

前言

在"时空压缩"的背景下，景观"透明性"包含了对景观空间差异要素的组织与传达，指向了一种新的空间解读方式。从应用价值来说，"透明性"提供风景园林与城市空间以新的设计哲学，并指向了相应的设计改造途径与策略。

透明性是从艺术、建筑学领域发展的概念，始于西方艺术中再现事物的方法变革。透明性概念的探讨集中在现代主义与后现代主义转折时期，但并不囿于建筑理论方向。它从视觉图像的感知认识过程分析入手，建立起人的体验与外部空间的联系。概念本身涵盖的意义包括：①时空本质的转折，辨析时空性（temporality）、时空观念、时空重组；②视觉乃至哲学层面的多元与差异，促使主体认知中的反复阅读与重组，体现了人与空间互动过程中的复杂性与矛盾性；③通过主体感知与意义传递，引伸到价值解读的多元性。

透明性本身的时空压缩性，与当代多元交叠的时空特征内核相似。时空压缩的过程间接地给人的居住环境与景观空间带来一些负面效应，本书首先提出透明性在景观空间的价值判定，即空间三元关系中的丰富体验过程、多元文化价值的有效传达、积极高效的场所功用。通过"透明性"的深度解读方式，分析景观物质结构的建立如何传达空间体验与空间情感，建构身体-空间-时间的关联，引导景观语境下对时空问题的新认识。通过强调这一正向价值，与时空压缩产生的混杂和失序形成对照。

透明性的概念来源于视知觉与建筑语境，本身具有极大的丰富性，但在景观语境中目前还没有得到细致、深刻、系统的探讨。风景园林学与地学、社会学、人类学及生态学、工程学和植物学等多学科交叉形成理论输出，但目前在空间设计理论方面仍缺少有深度的批判性视角。因此，寻找和调动学科外部的观点方法，可以成为学科自身理论活力的来源之一。本书围绕此概念尝试形成景观学领域下的理论体系，通过关联建筑理论，并借用语言学及其延伸概念，深化这一话语的当代现实意义。

透明性的本质是四维时空特征及层化的差异特征，通过在景观空间研究中延续并扩展相关概念，依照"图像的视觉特性－空间知觉感知－空间体验意义"这一思路，形成由图像视觉感知现象所引发的、新的价值观思辨下的理论思考。

本书旨在从透明性与当代时空认知的共通点出发，在其内核价值的探讨与解读的基础上，总结应用层面的相关理论；从全球经验的视野出发，超越东西方对立的思维模式，继而落脚于当代中国的规划设计问题。在应用范畴内，一是对已经产生的消极空间进行景观式的介入，处理异质与多元关系；二是选择性地使用显现差异的方法进行设计从而实现空间信息叠加带来的增值性，关注杂糅、共生、多元带给场所的续存力与生命力。

从中国乃至全球的人居环境来看，多元的物像交叠已经成为广泛、持续、不可避免的现象。伊格纳西·德索拉-莫拉莱斯（Ignasi de sola-Morales）受到海德格尔以及德勒兹相关思想的影响，认为"多元文化是文化彼此之间的轮廓、清楚的外形以及特有的面貌。以差异的问题对当代建筑目前的情势进行描述意味着多元性不仅只是起点而已，同时亦是可以让当代建筑的真实性中的任何一部分在其中定位的多重性（multiplicity）"。城镇化与全球化导致社会结构不断重组，人们的生活行为方式更为多元化，从而引发了新的空间形式。时空的加速累积使得空间层化现象越来越明显，并因此产生了主观上的感知信息的矛盾的冲击。"多重共时主题"使"各种拟像交织并隐藏了一切原初性的痕迹"，这种日益普遍的空间现象，直接影响了城市空间直至景观空间所呈现的状态与特征。后现代时空具有的差异性，导致了现代社会时空图景的空前复杂，时空碎片不断经历重建、打碎、再次重建的过程。设计不仅要重拾场地的原有信息，还要避免丧失秩序性和连续性，避免使受众产生虚幻的认同感，导致意义传达的失效。

同时，基于主客体之间的认知与交互关系，本书所提出的"差异显现"，本身是强调多元信息的共存，为"非替代"式的规划设计方法提供了一种新的视角，有益于探索景观空间中的传统地域文化如何结合多元文化的冲击，寻找时代背景下的可持续生长方式。

本书分为三大部分：历史理论体系、概念与案例解读、方法与应用语境。由当代人居环境中出现的时空特征出发，通过历史理论研究，梳理适用于本学科的相关定义；继而结合案例对透明性在景观空间中呈现的空间层次进行分析；在此基础上，对现有设计理论与相应案例进行价值观、驱动力、使用方法与呈现结果等方面的对比分析，形成建构方法的总结，最后提出方法体系在中国目前的人居环境建设中的3个适用语境，探讨适用性。本书关注从认识论到方法论范畴的过渡，以人与空间的互动关系为基本视角，对景观透明性与相关空间建构方法进行解读。

本书在理论解读层面，关注文化社会结构的内在规律与表征性，在应用层面，探讨如何解决空间衰退及矛盾等问题。本书针对呈现透明性的景观空间，探讨相应的设计方法，关注基于主、客体互动的景观空间三元关系，即物质建构、意义建构、场域建构，旨在丰富当代景观设计的理论话语体系。

本书受国家自然科学基金项目"基于复写理论的后工业景观重构方法及场所认知关联机制研究"（编号：51908035）、北京市社会科学基金项目"基于公共价值提升的北京工业遗存分级保护与景观重构利用研究"（编号：19YTC040）资助，特此感谢！

目录

9 8 7 6 5 4 3 2 1

第
1
章

绪
论

I

"时空压缩"（Time-Space compression）已成为全球化、信息化背景下人居环境空间的常态。全球化使信息扩散不断加速，在某些方面造成了场所与历史的断裂，打破了过往同一区域特征的强同质性与单一性。伴随快速城市化、工业化及去工业化进程，我国人居环境开始呈现出复杂的跨时空、拼贴化的特征，人居环境在时空压缩式的城市化进程作用下，呈现出文化碎片与功能碎片的交叠，过去的单一图景被不断打碎并且重组分布到不同区域。

　　"时空压缩"是戴维·哈维（David Harvey）在其论著《后现代的状况》中所提到的概念，其中描述了新的通信交通技术对世界隔阂的消解。资本的加速流动，使得传统的时空与地域观念被打破，世界呈现出完全不同的面貌：传统与现代、此与彼、内与外的界限被打破，多样与异化不断进行直接碰撞。城市景观在压缩的力量下，也不断进行着碰撞、震荡、打碎、重组的循环。"通过时间消灭空间""使时间空间化"让我们在感受和表达时空过程中面临新的挑战和焦虑。

　　必须承认的是，"时空压缩"的产生来源于资本累积方式的改变，因此具有持续性。20世纪70年代兴起的小规模制造及灵活分散的生产模式，加快了资本周转和消费的过度积累。厄里（John Urry）在《全球复杂性》一书中指出，新技术创造了全球时代，地区、民族之间的距离被压缩。景天魁使用"时空压缩"来描述我国的现实社会状况："传统与现代不再对立，传统、现代、后现代的各种时空特征产生了前所未有的汇集与碰撞"，在此背景下，人居空间状态受到"外部压缩"与"内部压缩"两种力量的作用，分别对应了外来文化对本土文化的冲击，以及传统、现代文化之间的博弈。

　　时空压缩使多元事物之间产生关联，所引发的时间、空间体验变化渗透到了哲学、艺术、文化等领域，形成新的审美观念。蒙太奇、拼贴、秩序重组、功能叠合等，被视为是时空压缩价值影响下的美学与空间特征。上述创作形式对瞬时性与内在性的过分关注，易带来表面化的、扁平的空间呈现。同时，文化的快速流变使空间易在多样与无序之间丢失边界，因此被认为存在着感知与认知层面的负面效应，包括体验与认知中完全的即时性、扁平化、符号化，以及更广范围的普遍性和同质性。哈维在探讨"时空压缩"概念时，论述"借助蒙太奇、拼贴的方式将不同时间、不同空间的不同要素叠加创造出共时效果，现代主义者们将承认短暂和瞬息是他们艺术的中心"。在多元文化中，如若过多关注符号而不是空间本身，将多种文化符号与多种资源聚集压缩，而忽视其中的逻辑结构关系，反而会造成实质上的空间浪费以及空间信息传达和主体体验的失效。

　　在快速城镇化过程中，人口不断流动，社会容纳着越来越多的文化形态，文化间相互碰撞融合，产生更多细小层面及其间的混杂化及化合作用。"现代城市的复杂性和整体性、快速变化的社会和行业发展，无法再使用陈旧的知识观念去理解"。资本的裹挟及多重时空的压缩作用，不断带来差异性的碰撞，而中国经历的几十年高速发展的城镇化进程与市场驱动的规划模式，使生活空间中的多种痕迹逐渐弱化。在社会各界认识到这种做法所带来的问题后，不断反思与摒弃激进的改造方式，"抹平式建造""单一性新建""颠覆式重建"被不断质疑，这也对进一步的建设行为提出了新的要求。例如，面对城市更新的相关问题，国内开始利用时空、在地的视角对人居空间进行批判反思，关注质量而非新的增量。2009年，广东省政府出台《关于推进"三旧"改造促进节约集约用地的若干意见》，关注城市空间重构；2012年，《深圳市城市更新办法实施细则》出台，2014年4月，深圳市提出419项城市更新项目；上海"十三五"规划提出逐年减少建设用地新增量，2015年5月，《上海市城市更新实施办法》出台。2015年开始的北京国际设计周"白塔寺再生计划"，关注北京传统街巷空间的腾退以及新内容置入问题，处理再生、新生过程中的差异文化关系。2017年深港城市与建筑双年展（深圳）以"城市共生（cities grow in difference）"作为展览主题，对目前的城中村社会现实进行回应。策展关注了城中村的现状与发展、多层次文化社会空间的共生，力图实现不同价值观的平衡与共存。这种对异质结构的包容，是学者及实践者对时空压缩过程中"标配"形式提出的反抗，强调活力与繁荣的来源在于极大限度去容纳"差异""他者"和"另类"。

尊重差异，反抗单一性和理想化的思想，正逐渐成为设计实践的一种共识，这种思想的核心涵意更多关注认知主体如何认识空间与场所，如何与之产生互动。在此基础上，后现代的时空关系不再受制于普遍主义，国家、民族主义与地方特质重回人们视野。伴随着规划设计师对世界新的认知，新的景观环境设计现象得以涌现，例如刻意地对空间与场地信息进行保留与加工。但同时需要承认的是，其中也存在着基于某些现实目的，却又任意、缺乏思考的设计行为与结果，造成意义传达与空间功用的失效。如在当代人居环境建设中，通过"拼贴技术"保存历史信息形成封闭的"博物馆文化"；对在地性与地域性的探索之中，对"原真性"遗存进行无意义的解构和剥离；在时空压缩以及重复重建过程中，形成了更多的信息叠加与空间破碎。因此，如何建构多元的时空关系，利用景观的社会责任与文化价值承载力，解决差异性之间的矛盾，最大限度发挥差异的价值从而避免负面效应，对人居环境学科及当代风景园林学科提出了理论认知与实践应用层面的新的要求（图1-1）。

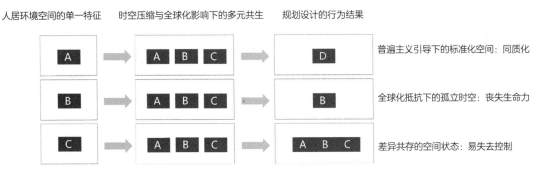

（图1-1）

图1-1 时空压缩背景下的空间建构方式及其相应问题

1.1 透明性理论的国外研究现状

伊芙·布劳（Eve Blau）在哈佛大学设计学院的"透明性"主题课程中梳理了概念的两个方向：①现代主义语境中，技术、美学、社会、生理心理学与建筑的关系；②其他再现模式的语境中，电影、照片、数字媒体对空间的影响。在其课程组织中，她将概念范畴定义在了以下几个方面：①游移的视觉、移动的身体、20世纪空间范式的转向（包括视觉、动知觉、空间形式与移情）；②抽象空间、图底关系、立体主义、风格派（动知觉与触觉的；反透视的概念包括关系空间、时间空间，并与包豪斯的一些实验性的作品联系）；③时空感知（吉迪恩、莫霍利纳吉、包豪斯的相关设计思想）；④电影与"增厚"的时刻（知觉与记忆的叠加）；⑤航拍平面与图像认知；⑥现象透明性（罗与斯拉茨基的经典论述）；⑦轻型建筑；⑧妹岛的相关建筑思想与实践。

Feuerstein认为空间的透明性可以分为："完全的透明性（complete transparency）""半遮蔽（semitransparency）""半透明（transalucency）"（界面材料允许光线通过，但是无法清晰辨认物体）"不透明（opaque）"等，并以空间的"开放性（openness）"探讨了物质空间与现代艺术中的绘画、雕塑之间的关系，辨析了内部开放、外部开放、内部透明、外部透明几个概念。

Wainwright指出当前研究对罗的现象透明性发掘不够，应该深入探寻如何在文化意义中体现空间深度。Bird提出这种形式主义的可行性在于形式与意义的分层（delamination），并认为当代建筑理论家应持续对这个概念进行考评与推行。Mertins不断强调运动中感受到的建筑的形体，对Gilles Deleuze和Felix Guattari的块茎理论（rhizome）进行说明，并指出Terence Riley认为"半透明性"（translucency）提供了一种对现象的透明性和物质透明的合成方法。Estremadoyro同样提出将透明性与运动作为定义空间的可测要素。Han提出了空间表征从感受（sensed）到认知（conceived）的转变，并在空间中找到文化解读。

Baek从哲学观念阐述了空就是满的理念（Nothingness in this sense is transparent fullness），强调"物派（monoha）"这一物质之间的空间关系，并提倡意识和存在的相互依存关系，即物质与场所的关系。关注物（存在）、场（空间）和观者（意识）之间的关系。与此相关的偏向视觉心理学的研究阐述了动态的视点变化对建筑透明性的感知，从视觉处理机制探讨了透射、吸收、反射对建筑界面形式的影响。

Chu通过阐述具体的废弃建筑的改造案例，提出如何以新元素作为媒介来复兴城市肌理，新旧之间的固有联系及其调和成为设计重点。Cornish通过国际案例与当地案例，对通透界面、私密空间的界定进行了研究。Harvey提出应努力创造建筑的历史与未来的对话，这种对话是基于我们对文脉的感知与序列所形成的内在关联，这些互相关联作为透明性的要素去介入一个复杂层面，从而提供多样的解读与联想。这种对话允许内容物在场地、居民与建筑的作用下引起变化。通过这种透明的内在联系，这样的对话才能丰富起来，得到整体大于局部之和的效果。Longshore从视觉感知的角度探讨设计的潜力与发展方向，认为透明性从视觉感知上来说是建立视觉联系性的桥梁，并利用连接教堂、咖啡店、住所的建筑与公共空间设计实例，论述了相关的设计方法。

密歇根大学景观系教授Beth Diamond的研究聚焦在将风景园林作为视觉媒介、艺术与建成环境的关系、公共空间的多元文化表达等方向。她在文章《景观的立体主义：突破画框的公园》（*Landscape Cubism: parks that break the pictorial frame*）中以法国的贝西公园、拉维莱特公园、雪铁龙公园的设计以及公园与城市环境的关系为研究对象，分析了新旧要素的共存状态，认为拉维莱特公园等景观实践具有立体主义的特征。Shimmel在其论文中将透明性转译至景观领域，从观察角度、光线、季节性、植物材料的参与所形成的不同层面的透明性出发，着重探讨感知方面的内容。这篇文章还提出在当代环境观的影响下，对时间性的揭示（reveal）是一种重要的景观实践态度。

1.2　透明性理论的国内研究现状

国内学者金秋野、王又佳翻译了《透明性》这本论著。朱竞翔、程召针对轻型建筑，根据自身的教学和创作经历，对透明性现象提出见解。东南大学的史永高，以一系列论述：《透明性之意味》《半透明性的魅惑》《透明性的材料转换》等，探讨了新时代建筑技术、材料、功能对建筑的通透性与可感知性产生的影响。顾大庆则从平面图解与建筑流动空间的角度进行了对比说明，提出了空间的拓扑关系。周庆从视觉性、空间性以及时间性3个层次说明空间形式的教学，认为空间形式的教学可以结合不同的主题，包括①如何利用不同媒介与材质再现视觉对象；②材料选择与建构方式对视觉的影响；③蒙太奇式的空间组织方式所呈现出的非线性特征与共时性特征。他将空间的透明性解释为时空叠合的四维形式，重点关注了多元的异质元素形成的综合体以及时间与主体意识之间的交互关系。

2014年，建筑师冯路提出了"半透明性"的观点，认为"半透明有两种。一种是界面的；一种是结构的，或摺叠的。第一义是初级语言；第二义是高级叙事，即一种空间生成机制"。他由此探讨半透明性在建筑中的应用与半透明性的"两种含义"等等。他引用建筑评论家泰伦斯·瑞莱（Terence Riley）之见：相比透明玻璃所形成的"景框"，半透明表皮更像一种"屏幕"。它被置入主体和对象之间，打断了二者的直接关联，建立了主、客体之间的全新关系，使观看、洞察的过程产生趣味性。同时，半透明的模糊影像还暗示着那个清晰对象的存在。它呈现于两种或多种形式混合而产生的模糊空间之中。这种混合不是拼贴（collage），而是一种摺叠（folding），形成相互介入。这一思考，进一步揭示了透明性不再只是界面或者层化的空间呈现形式，而是一种空间结构。

国内有一部分以建筑表皮为媒介进行了建筑透明性的研究，包括费菁和傅刚、刘涤宇主要针对建筑表皮意义、表皮与空间的联系以及相关的空间特征，进行了不同方法的类比分析。程超针对柯林·罗的《透明性》一文中提到的斯坦因别墅作了限于立面的分析，指出"表面的普遍性"是意义真正的来源，应该取代"表皮的普遍性"。同济大学和东南大学等部分学者持续深入解释建筑的透明性，如王盈盈、叶鹏对经典建筑的解读。刘和琴基于案例解读，提出了记忆的透明性叠加，案例包括托福尔德莱尼的古普塔花园、里伯斯金的柏林犹太人博物馆。彭小娟主要以空间组织的方式探讨透明性的意义，提出了主观透明度、客观透明度、比较透明度概念，并认为透明性的产生是由于建筑技术的发展，包含艺术角度、技术角度、功能角度的组织。她认为在具有透明性的空间中，明确的逻辑性可以使主体不断获得空间结构的线索与提示，并使空间脱离明确限定这一束缚获得组织关系上的自由。陈家琦从韵律、对称、轴线等方面考虑场地之间的空间秩序与组织方式。

吴昊论述了空间透明性的基本类型及其建构，包括：并列式层化空间、矛盾维度的建构、平行墙体的展示空间、限定式透明空间、占据式透明空间、围合式透明空间、深层空间的浅层传达、内部空间立面传达、表皮透明等。范尔蒴则是以东方的空间视角解读三维空间而非界面的透明性，通过对比若干日本建筑的案例，分析了东方空间的表现智慧。王竣的研究视角主要集中在旧建筑改造上，认为改造形成的新旧差异的结构交织体现出了透明性。朱培栋提出深空间与浅空间的透明性，一个与空间的层化与不确定性有关，另一个与视错觉有关，他以科隆现代艺术博物馆为例，认为原有建筑遗址的残骸得到了设计师的尊重，并在建筑外观上表现出来，以可见的方式对比并置了新旧关系，表达了建筑历史的变迁，并给该建筑带来了场所的张力与文化、社会的延展性。彭蓉提出应用蒙太奇的手法来组织新旧建筑。秦静以旧工业建筑改造研究为核心，探讨其与现象透明性的相关性。

相关研究不乏对中国传统园林的解读，朱琳对中国园林所显现出的浅空间透明性进行分析，将其作为古典园林空间的分析媒介，从6所苏州园林中找到8处浅空间作为"景面"，探讨其手法和复制的可能。针对院落空间，龚维敏提出了建筑内外的透明性，一定程度上发展了吉迪恩的观点，认为内外的互相渗透形成"透明关系"，空间在主体游历的横向发展轴之中，不断渗透产生动态叠加的不同层次。

康玉杰认为，现象透明性包括自我指涉的空间秩序与形式，以及视觉界面的感知规律。他认为这一视角为建筑空间组织提供了更多的解读机会。佟祥君认为透明性空间及其相关的拼贴空间以及解构主义设计的研究多集中在建筑领域，除了建筑表皮的研究之外，对于现象学的透明，更多关注形式层面，主要观点集中在怎样获取一种有吸引力的、有丰富可感知性的空间，或是霍伊斯里式的解决空间衔接问题。华正阳认为透明性是一种存在于某界面的正投影平面视角，很大程度与正面性相关，层叠的现象扩增了空间的深度，但却依赖界面而存在，因此他得出结论：正面和浅空间是透明性的存在基础。林佳琳对现象的透明性进行理论梳理，并在解读之上提出不同设计阶段的现象透明性空间策略：创作前期阶段的策略包括主、客体影响因子的预测以及网格肌理的制定；理想空间模型建构阶段的策略包括空间叠合、空间层化分解，其图解方式为九宫格式的变体；建造后期处理阶段的策略包括影响现象透明性空间后期处理的因素以及创造现象透明性空间的处理策略。丁帆认为透明性来源于现代主义的危机以及当代审美变化，透明性提供情感愉悦，因为对事物的好奇与对真理的窥视是人的一种本能欲望，并提出建构物理性与现象的透明性的若干方法。闫明从建筑和景观设计中的"多义"现象，探讨透明性的延伸，包括哲学概念的厘清以及案例解读。

1.3　人居环境学科中关注多元与差异的设计理论研究

劳伦斯·哈普林（Lawrence Halprin）提出的"再循环"理论，主要针对旧建筑改造问题，认为某些建筑可以通过改变其承载的内容与功能，实现再循环。他利用若干实践案例包括巧克力工厂改造、旧金山杰拉德里广场改造等，说明再循环的方式充分发挥了废旧场所的潜力，利用其载体功能（通常不是真正的形式转变）去呈现新的功用，从而带来场所的可持续性与续存力。

黑川纪章提出的"共生城市"，主要关注了城市的复合功能与层化系统，融合"共处"与"共栖"两个概念，提出城市的共生。他宣扬生命原理对城市规划设计的影响，认为城市系统也具有可进化性、有机性与生命力。他认为异质系统之间应该保存距离，通过一定的界定维护彼此的有效性，形成互惠的共生关系。此外，异质的中间领域，应具有流动性和缓冲的作用，并具有多义性、多重性的特点。

柯林·罗（Colin Rowe）和弗雷德·科特尔（Fred Koetter）的论著《拼贴城市》，批判了现代主义对城市空间的划定和严格控制，论述城市空间存在的二元关系：实体与肌理，并反对雕塑式、孤立式的建筑置入。他们认为城市空间的肌理是城市持续发展的重要结构，对建筑的排布具有控制力与影响力，反之则会失去文脉的意义与场所的支持脉络。在他们看来，实体与空间是一种辩证关系，可用图与底的关系来分析，而拼贴过程中对城市基底的尊重与清晰结构的建立，对城市发展有着至关重要的作用。

在目前的景观实践与理论创新中，关注空间要素的多元性、异质性与差异性的设计视角较少；更多的是关注空间"形式"的设计策略与方法，主要围绕生态、文化、美学等具体目标层面进行；关注空间本身的形式建构策略，易囿于固定"手法""构图""比例"的视角限制，而实现进一步的突破与创新仍然具有难度。

9 8 7 6 5 4 3 2

第2章

透明性的概念溯源

本章通过探寻透明性在不同学科语境下的核心意涵与概念发展，阐述景观语境下的透明性概念，进一步探讨其解读价值及应用价值。透明性来源于现代艺术，尤其是立体主义的出现，形成了探讨相关视觉艺术及其感知方式的背景。立体主义形式革命直接或间接的来源有：①现代工业社会机器文明的影响；②科学、哲学领域中新的时空维度；③伯格森的"直觉主义""绵延"理论和胡塞尔的现象学还原法。

现代主义艺术突破文艺复兴以来的再现方式，转向表达时间空间的新的方式。立体主义绘画的产生，与同时期文学、视觉艺术、建筑等学科相互影响，分别呈现了"透明"的特征。塞尚之后的艺术家，逐渐抛弃起支配作用的线性透视空间，分解了现实空间的单一视角，尝试通过不同视角的再现关系重组，使事物"内在结构"显现。乔伊斯在文学作品中分裂式的描述方式、普鲁斯特作品中的"时空跳跃体验"、芭蕾舞曲《春之祭》的不稳定与变异性、毕加索的画作《格尔尼卡》呈现出冲突与破碎交叠，等等——新的时空认知方式在多艺术领域产生了很大影响。

2.1 文学中的透明性

2.1.1 叙事的分解与重构

从现代主义开始，文学中有意无意地开始运用拼贴的手法，单一、复合或者交叉的意识流等表现形式打破了传统的文学叙事线，形成结构上的拼贴性质。在后现代文学与当时的绘画等艺术形式持续相互影响过程中，詹姆斯·乔伊斯（James Joyce）的作品显示出了极大影响力，甚至超出文学的范畴，通过借鉴立体主义并引入文学创作活动，从外在描摹转向关注内在的直觉和本能，扩大了立体主义本身的影响。类似于立体主义绘画再现连续不断的事物运动，将各个角度观察到的物体做同时性的表达，小说的时间描述也被空间化。乔伊斯通过描述不同人在同一时刻在不同事件中的运动，引出情节的推移和分解，细节的分散和聚合，其中的并置关系使空间重新得到表达。

在1939年发表的《芬尼根守灵》中，他的意识流技巧得到彻底发挥并脱离传统的情节叙述和人物构造方式，语言上呈现了含混和暧昧的风格，其中大量运用"双关语（pun）"，使意义具有不同的可解读方式，刘易斯（Leslie L. Lewis）将《芬尼根守灵》的描述内容进行了空间化的整理，图解了叙事对象与内容的并列、互文、穿插关系，即叙述方式跳脱单向、线性铺陈，延伸出多元的情节线索的展开路径。在其影响下，小说《押沙龙，押沙龙！》同样使用了立体主义式的叙事艺术和形式实验，形成分解又重构的多视角叙事，形成多面、立体的呈现。后现代思潮背景的"话语转型"，在文学作品中呈现出碎片、不确定性、蒙太奇、拼贴、并置的特征，形成碎片化写作[①]，从关注意义传递，发展为关注描述结构本身。基于这些观察，莫霍利-纳吉将其与视知觉艺术进行对比，认为这种叙事方法的文学作品，展现出了透明性。

2.1.2 图像诗的时空架构

除了叙事线索本身的拼贴化，很多文学作品还直接形成了空间化的描述方式。在立体主义绘画问世后的1913年，阿波利奈尔（Guillaume Apollinaire）出版了《美学沉思录：立体派画家》，大胆地将立体主义的图像式再现技巧直接引入语言与诗歌创作。阿波利奈尔将立体派作品的手法移用到诗歌创作，开创一种新的写作体系。他认为罗伯特·德劳内的画使他获得灵感创作，创造了例如诗歌《窗》等作品，之后他还受到"未来主义"影响，提出"立体未来主义"并融入到诗歌创作中。这种多元意识形式放弃线性的话语结构，进行事件的并置排列，阿波利奈尔称为"同时性"，同时性的结构类型，使主体在一瞬间得到时空的完整印象（"a type of structure that would give the impression of a full and instant awareness within one moment of space-time"）。他所提出的"状物诗/图像诗（Calligrammes）"成为用来描述词语的空间分布的新手段，同时包含了语言与视觉。这一转译方式也影响了其他作家的创作手法[②]，包括威廉·卡洛斯·威廉斯（William Carlos Williams）、伊丽莎白·毕肖普（Elizabeth Bishop）等人。

这种激进的转变，使诗歌呈现了多种阅读维度和同时性的感知形象，其中的描述与观点并置在诗句之中，在初次阅读时，会呈现失序的状态，而分散的图形与断裂性使读者不断地利用时间和经验去综合掌握它的含义和暗含的整体性结构。看似不经意安排的碎片，会在认知主体的头脑中形成新的结构，显然阿波利奈尔受到了毕加索的影响，结合个人对秩序的创造与再现过程，使重新构建（reordering）的过程具有创造性的价值。

---

① 朱丽亚·克里斯蒂娃提出互文性，认为"任何本文都是其他本文的吸收和转化"。
② 在分析立体主义时期，Stein G创作The Making of Americans: Being a History of a Family's Progress，被认为相对于其表达的内容，更注重形式的探索，从而形成了一种带有音乐性的，自我指涉的风格。

库尔特·施维特斯（Kurt Schwitters）作为达达主义的代表人物，将自己的集合艺术统称为"默茨"（Merz），从1919年开始，他不只将拼贴绘画、装置印刷作为自己的表达形式，也多次使用诗歌、散文的方式进行创作，同样显示了隐晦的词义联系及其空间性。

对比阿波利奈尔和乔伊斯的两种文学叙事方式，除了同样的拼贴特征外，都呈现出了一种经由特殊时空组织方式而呈现的多元结构、线索关系的"透明"。乔伊斯将叙事本身多元化处理，去除中心，变换叙事主题与观察角度，将不同线索破碎重构，读者需要去重组这些叙事结构；而阿波利奈尔的时空性进一步体现在了呈现载体之上，使读者可以对诗句结构进行同时性的阅读，并获得多重的叙事意义。

2.2 视觉艺术中的透明性

从印象派逐渐摆脱写实性再现，古典主义中的透视法的唯一性地位开始动摇，立体主义探索事物的本质，从而把时空关系与事物多面性作为其表现的主要对象。绘画中面的重叠以及流动的过程，在二维介质中被表现出来，从一定程度表明了艺术家对主体体验的转向，包括否定单一视点描摹，引发主观猜想与直觉理解，联系时间在体验过程中的"绵延"。其中几何体面穿插、重叠、交错与渗透，空间的延续性得以展现。

2.2.1 多重视角的叠合

立体主义被认为是由乔治·布拉克（Georges Braque）和巴勃罗·毕加索（Pablo Picasso）在保罗·塞尚（Paul Cézanne）的晚期作品与非洲雕塑的影响下，于1908年所创立的画派。他们的思想在其他艺术家的继承和发展中不断对之后的艺术流派产生了影响。立体主义舍弃单一视角描摹对象的图像准则，将再现形体分解成不同部分，再将这些部分通过几何途径进行整合，从而实现三维、四维空间事物的二维表达。"分析立体主义""综合立体主义"和"后期立体主义"若干发展阶段中，分析立体主义更注重形式的分解重组，以不完整的线条和暧昧空间感取代透视；综合立体主义进一步引入了取材现实要素的拼贴手法，并逐渐促生了立体主义雕塑。

在毕加索等人的作品中，没有所谓的图像核心，而是通过抑制空间深度达到物质确定性。其画面提供一种分析的可能，观察者在头脑中形成一个完整的再现实体。在模棱两可的空间推断中，认知主体获得紧张感，并产生不确定性。空间的层化，要素、从属关系、内外关系的模糊，空间维度矛盾使观察主体产生对归属与缺失部分的猜测，使不可见部分与视觉可见部分一起参与进入主体对事物的认知形成中。罗与斯拉茨基在《透明性》一书中对比分析了费尔南德·莱热（Fernand Leger）、胡安·格里斯（Juan Gris）、罗伯特·德劳奈（Robert Delaunay）的作品，判定其中的模糊、动态、主客体统一性。

其中，罗与斯拉茨基认为莱热的《三副面孔》是立体主义最具代表的作品，且最能够体现透明性的特征，因此将它与柯布的建筑作品进行类比分析。由于画面完全模糊了图底的关系，因此具有极强的空间层化系统，三个多元、具有差异性的母题之间具有层叠、榫接、甚至互斥的关系，其中两者具有相同景深，另一个则成为过渡，而这样的安排使层化的空间在重复阅读中不断前移或者后退，形成空间深度的矛盾。

2.2.2　半透明的渗透

新包豪斯的创立人莫霍利-纳吉（László·Moholy-Nagy）于1947年出版《运动中的视觉》（vision in motion），他敏锐地捕捉到当时艺术领域包括文学风格上的转变，他在书中"文学Literature"一章中评价了乔伊斯的文学作品，认为其中包含了词义扭曲、结构重组和语涉双关（Joyce Pun），通过凝集相互关系，整合了关联部分（"the manifold word" agglutination），为现实问题提供解决方案。在书中"时空问题（Space-Time Problems）"章节中，他针对"透明性与光"论述了之后柯林·罗所提到的物理性的透明性之外的隐喻的含义，如"透明电影胶片"等描述形式交叠的状况，认为它"超越了时空的固有界定""交叠的透明暗示着上下文，揭示了实物中曾被忽略的结构特征"，认为透明性包含互渗（interpenetration），交织（interweaving）。纳吉本身的作品大多放弃了实际语境，其中利用半透明的色块叠加，形成了多种构成作品。在一生的艺术实践中，他不断追求时空与光线的表达方法，例如光装置（light space modulator）等等。

李思兹基（El Lissitzky）作为构成主义的代表，其作品中也呈现出了对结构关系的重视，他的作品"普朗恩Proun（为了新艺术）"系列，从平面到空间，展现了一种建筑教育背景的艺术家对画面及空间的控制力，其中同样使用了透明的叠加，表现抽象色块与形体的关系，尽管这种方式与莫霍利-纳吉的构成方式似乎都不是罗口中的现象透明，但是他们的作品同样展示了一种对时间、空间以及结构本身的思考。

2.2.3 动态的叠加

马塞尔·杜尚（Marcel Duchamp）在《下楼的裸女》中没有完全使用立体主义的手法，而是展现出了未来主义的特征，用动态形式的拼合来展现时间作用下物体的透明性。区别于其他立体主义作品中对同一事物的不同视角叠加，所产生的时间感是来源于观察者不同视角的观察，杜尚的作品中的时间感，来源于再现客体本身的运动轨迹，也因此形成了时间叠加作用下的透明。

2.2.4 四维的再现

立体主义雕塑对三维空间中是否存在立体主义作品这一问题给出了回答，它同样摆脱了传统再现的桎梏，追求破碎、分解与重组的创造过程，艺术家利用多元的视角对形体碎片进行重组，其重构结果不再具有具象性，而显示了一种对空间与本质语言的探索。如毕加索创作后期的雕塑作品，亨利·劳伦斯（Henri Laurens）的作品。

此外，乌姆伯托·波丘尼（Umberto Boccioni）、乌拉迪莫·塔特林（Vladimir Tatlin）、纳姆·加伯（Naum Gabo）的作品，更多呈现了内与外的模糊，整体结构的可视性。例如波丘尼的"一个瓶子的空间延续"、塔特林的第三国际纪念塔，通过展示结构的逻辑，并从外部展现内部结构，使观者可以通过内外结构的联系掌握雕塑空间的全貌，得以观察整体现实。后期，奥斯卡·多明戈斯（Óscar Domínguez）创造了与超正方体相关的时间性表面（Litho chronic surfaces），他认为这是被凝固的时间，将结构的揭露增加了时间性的维度，利用动态时间中连接两极状态所可能"展开的平面（enveloping surface）"展现出现代主义艺术家所不断追求的四维再现方式。之后的超现实主义作品在此基础上更多地显示出了一种对异质同构式的"混合杂交"的再现态度。可以认为，四维的再现探索，使探讨建筑与景观空间的"立体主义"特征成为可能。

2.3 建筑中的透明性

不可否认，在包豪斯中坚力量的影响下，美国建筑教育中现代主义的部分主要来源于绘画与视觉艺术。在教学中，学生的主要训练方向在于如何安排空间结构，将功能图示转化为形式，包括对多种视觉语言的关注。德州骑警（Texas Rangers）力图区别于鲍扎和包豪斯体系，构筑不同的现代建筑教育的教学框架，柯林·罗，罗伯特·斯拉茨基，伯哈德·霍伊斯里，约翰·海杜克，李·霍奇登（Lee Hodgden），维纳·西格曼、约翰·肖，使用了全新的观察空间的方式并在教学中实施。在这一过程中，他们思考建筑、艺术、工程的区别，以及建筑平面对空间的影响，提出的空间概念开始向流动、可塑性这些观念转变，以实现视觉语言到建筑形式的转译。这些均奠定了透明性概念的传播与发展。

2.3.1　概念产生：现代主义与德州骑警

追溯其来源，建筑理论家西格弗里德·吉迪恩（Sigfried Giedion）与亨利·罗素·希区柯克（Henry-Russell Hitchcock）在现代艺术产生的冲击下，率先指出现代绘画特别是立体主义绘画与现代主义建筑之间的关联，认为前者对后者有着不容忽视的影响。在1941年出版的《空间·时间·建筑》这一论著中，吉迪恩对包豪斯与毕加索的名画《阿莱城的姑娘》进行了类比，认为包豪斯校舍显示出了对文艺复兴式的人本中心论的转移。他在1952年发表"透明性：原始与现代"一文，并在A·W·麦隆高雅艺术讲座中以《永恒的存在：艺术的开端》为题进行相关阐述，认为透明性、抽象性、象征性从史前艺术就已被显示。

吉迪恩的空间时间理论将现代运动纳入到了时间空间的概念中，首先使用渗透性（Durchdringung）来描绘现代主义建筑，认为现代建筑呈现了一种新体验和新视野。在《空间·时间·建筑》一书中，他使用案例阐释了内部空间与外部空间的交织与边界的模糊、空间错综的体验和动感，使用时间空间（Space-time problem）的概念代替了渗透性（对比下渗透性具有更多社会内涵，并可以帮助识别这一概念本源），揭示了新的时空意识下所能发展出的新的综合体的可能性。他在论著中表现出同凯普斯与莫霍利-纳吉相同的观点：现代建筑内部空间和外部空间错综复杂地相互穿插，体现出立体主义的时空架构；建筑中的不同体量不再是平行设置，而是相互穿插。

1944年，乔治·凯普斯（Gyorgy Kepes）在《视觉语言》（Language of Vision）中针对视觉艺术与传播、包豪斯风格与立体主义，结合由19世纪的生理心理学发展而来的格式塔心理学进行了深入的论述，他认为现代视觉艺术打破了透视再现的陈旧体系，新技术的出现也为视觉再现提供了新的机会。在"形体（塑性）组织（plastic organization）"章节中，他展开了以格式塔心理学为基础的"透明性"理论论述。这本书由吉迪恩作序，书中引用大量莫霍利-纳吉的作品及相关视知觉理论，为吉迪恩的报告：《透明性的原初与现代》（Transparency: Primitive and Modern）作出了根源性的解释。

凯普斯在书中就"视觉（vision）"与"再现（representation）"的主题对现代视觉传达的"透明性"有如下定义："If one sees two or more figures overlapping one another, and each of them claims for itself the common overlapped part, then one is confronted with a contradiction of spatial dimensions. To resolve this contradiction one must assume the presence of a new optical quality. The figures are endowed with transparency: that is, they are able to interpenetrate without an optical destruction of each other. Transparency however implies more than an optical characteristic, it implies a broader spatial order. Transparency means a simultaneous perception of different spatial locations. Space not only recedes but fluctuates in a continuous activity. The position of the transparent figures has equivocal meaning as one sees each figure now as the closer, now as the further one." 即透明性是一种"图形互相渗透而又不会破坏彼此"的状态，以及"透明性不只是一种视觉的特征，而暗示了一种更广泛的空间秩序，是对不同的空间位置的同时感知"。凯普斯的这一定义强调了多个图像重叠而分别呈现完型状态的特征，为柯林·罗（Colin Rowe）和罗伯特·斯拉茨基（Robert Slutzky）的观点提供了依据，两位作者从中提炼出"模糊、冲突"的感知作为一种"美学体验"。而之后的鲁道夫·阿恩海姆（Rudolf Arnheim）也在格式塔心理学及美学的实验基础之上撰写《艺术与视知觉》，认为知觉是艺术思维的基础，并由此提出"张力（tension）"理论，空间与画面结构的完型被认为是视觉张力的来源。

在此复杂的背景下，1955年，柯林·罗和斯拉茨基共著"透明性I"，1963年刊登在Perspecta期刊中。1968年，苏黎世联邦理工学院（ETH）在勒·柯布西耶研究专刊中刊登瑞士版本文章Transparenz，以及霍伊斯理就文章所写的评论："透明性"是创造空间秩序的一种工具。书中结合立体主义绘画与莫霍利-纳吉的作品，通过对建筑空间实例进行陈述与总结，为人们提供了一种观察和分析建筑的新视角。通过类比莫霍利-纳吉、莱热（Fernand Leger）的艺术作品，以及格罗皮乌斯（Walter Gropius）与柯布西耶的建筑作品，阐述说明了"字面"与"现象"两种透明性的存在。在文中，柯林·罗和罗伯特·斯拉茨基引入了凯普斯在《视觉语言》中的定义："当我们看到两个或更多的图形叠合，每一个图形都试图占据共有部分，使我们遭遇一种空间维度的矛盾状态，不同图形互相渗透而又不会破坏彼此。透明性不只是一种视觉特征，更暗示了广泛的空间秩序，形成对不同空间位置的同时感知"。文中认为吉迪恩在《空间·时间·建筑》中对《阿莱城姑娘》与德绍包豪斯校舍穿插的玻璃墙的类比应被归为字面的透明性，认为凯普斯所提出的"模糊性（ambiguity）"，应被继续探索。

罗与斯拉茨基在透明性的文章中提出，包豪斯的Vorkurs课程当中，新的空间认知方式并没有被充分理解，吉迪恩对现代建筑的描绘放弃了先锋派的"瞬时性"而更多呈现机器美学的思想，与莫霍利-纳吉的绘画作品本质类似。而罗与斯拉茨基重新定义了这种描述混合复杂的空间构成为"现象的透明性"，核心在于层化的空间组织关系，并在柯布西耶的作品中得到呈现，利用立面分析表达了对平行透视的极高关注，认为画作与建筑的立面观察都呈现出"浅空间（shalow space）"这一立体主义作品拥有的特征，即画面景深的压缩与空间层次的模糊与交互，层化的信息呈现为独立的观察线索，互相渗透但不破坏彼此。通过浅空间这一转换的媒介性质，呈现一种暗示与隐喻状态，形成空间与观者的视线交互关系，如若深空间与浅空间具有矛盾，则会产生空间张力与继续阅读的动力。在这种情况下，现象的透明性产生并包含着主体对不同空间层次的压缩式感知。这种后透视的空间表达方式使观者的能动性得以参与，在物体形成中发挥主动的作用，形成动态的阅读过程。两人还引用了国联大厦的案例，将横向秩序与纵向秩序作为互相交错叠加的两套信息结构，设想将人置于环境中去感受其中的空间秩序矛盾，在被容纳、疏导、阻拦的空间关系中不断进行实际空间与预想空间之间的调整。之后"透明性"的第二篇发表于1971年的Perspecta，两位作者在续篇中更为关注建筑界面而不是所谓的"浅空间"，引入格式塔心理学进行心理感知层面分析的支撑。

罗与斯拉茨基由此开创了现代建筑形体探索的新方法，其质疑精神，影响了德州骑警学派甚至苏黎士理工的教育体系，以及纽约五人（New York 5）[①]在之后的专业成长。伯恩哈德·霍斯里（Bernhard Hoesli）作为其内部阵营成员，在对透明性一文的评论与补遗中，阐述了现象透明性作为一种设计手段。他认为，透明性的重要价值在于解放了我们看待建筑空间和结构的思维方式，突破了历史与现代之分的对立模式；同时，在建筑设计创作过程中，它可以充当复杂空间秩序整合设计的工具。通过形成组织手段，创造理性秩序，在形式矛盾不可调和的情况中，利用这一形式工具吸收矛盾，使局部的矛盾不对整体连贯与可读性造成危害，并认为这是一种可移植、可评估的方法。尽管艺术史与建筑史学家波伊斯（Yve-Alain Bois）与凡·穆斯（Stanislaus von Moos），都曾质疑过究竟能否在立体派绘画和建筑之间建立起稳固的联系，但"透明性"本身的内核价值及实证论述的解读分析，影响了西方大量的艺术与建筑的解读、创作过程。

---

① "纽约五人"（NY Five），又称"白派"，代表人物有彼得·埃森曼（Peter Eisenman）、迈克尔·格雷夫斯（Michael Graves）和理查德·迈耶（Richard Meier）。

2.3.2　时间空间的哲学

透明性被认为与"立体主义"有着直接的亲缘关系，立体主义则被认为与伯格森的时间观念有密切联系。柏格森所提出的两种时间，包括可度量的时间——空间时间，与直觉体验到的时间——心理时间。由此演变的"绵延"的概念从一定程度支撑了立体主义再现观念的内核。在建筑领域透明性概念的相关论战中，其核心仍是时间空间的感知过程与结果。罗认为吉迪恩所描述的建筑的透明性仍依赖于材料，而柯布西耶设计的加歇别墅通过空间组织使人从立面观察到了内部的结构，实际建筑空间被压缩在浅空间中，使人产生不断的阅读与认知，并逐渐产生清晰的建筑空间结构判断。这确实与立体主义绘画的二维再现相似：观者不必想象自己在空间中移动，就能获得视觉体验总和，使观者能从作品中体验到时间的"绵延"性。

尽管在文章中两位作者似乎表现出认为现象的透明性更为高明的判断，但是吉迪恩对现代建筑中时间空间的分析更为靠近三维物质空间的研究语境，在外部时间的消耗中，观者仍然可以从交叠的空间组织中，获得整体结构的判别与感知累加，从而同样得到时空压缩的感知结果。

2.4　观点：交汇与分野

2.4.1　概念的发展及持续的论战

针对"透明性"概念的论战一直围绕"现代性"的"高下"之分，在论战中，诸多学者结合格式塔心理学、超三维的时空观、解释学的方法等，形成了不同观点。

1970年凡·穆斯批判了罗与斯拉茨基的观点，1978年，罗斯玛丽·布莱特（Rosemarie Haag Bletter）发表*Opaque Transparency*对其观点再次进行批判，认为两种分类并不可行（Too erratic to make workable categories），质疑这一分类是否可以成为如作者所宣称的有效批评工具，她认为，格式塔心理学关注更多的是暧昧的图形（异质同构），因此大脑会从混乱的视觉场中依靠个人经验选择出最有意义的，而不只是柯林·罗和斯拉茨基所宣称的感官性的认知状态，同时，有意义的观看只有在即刻的感官经验和长久的认知经验发生作用时才会产生"意义的孕育"。1982年，霍伊斯理就透明性写作"补遗"，再次认为"透明性"可以成为普世的设计方法，柯林·罗发表的"程序与范例（Program vs. Paradigm）"则认为这一"程序"性的研究值得商榷。1989年，斯拉茨基发表"再读透明性"明确概念来源于吉迪恩的理论。同期发表Harmen Thies的"玻璃的角落"认为罗和斯拉茨基对包豪斯校舍有着误读。1994年Robert Somol的文章"忘记罗"对柯林·罗的工作进行综述与评判。1997年，《建筑与立体主义》文集出版，收录了包括博伊斯（Yve-alain bois）与莫廷斯（Detlef Mertins）的相关文章。2002年布劳（Eve Blau）编著的《轻建筑读本》文集出版，收录对"透明性"不同解读的文章。

当代理论研究中，宾州大学致力建筑设计与历史研究的莫廷斯教授在对现代建筑的相关理论与历史研究中，形成了一系列有关"透明性"、立体主义与建筑关系的文章，包括《透明性：自主与关联》（*Transparency Autonomy and Relationality*）以及《绝不是字面上的透明：吉迪恩与立体主义在德国的接受》（*Anything But Literal: Sigfried Giedion and the Reception of Cubism In Germany*），他的博士论文《即将到来的透明性：吉迪恩和史前的建筑现代性》（*Transparencies Yet to Come: Sigfried Giedion and the Prehistory of Architectural Modernity*）"中论述了大量有关透明性在空间中的产生意义，以及吉迪恩和罗两位作者的概念差别。

托德·甘农（Todd Gannon）于2002年在《轻建筑读本》的引言里提到，拼贴是20世纪艺术产物的主导技巧，柯布西耶、杜尚、库哈斯、罗伯特·劳森伯格都具有将并置的不同的物体与内容组织起来的能力，拼贴的词汇通过柯林·罗的文章被引入到建筑思考的范畴，使用了充分的分析技巧并启发了一代后现代主义实践者，透明性是内在的组织关系，这种现象的透明性区别于物理上（字面上）的透明性。罗莎琳·克劳斯（Rosaland Krauss）在"*Death of the hermeneutic phantom*"，以及杰弗里·基普尼斯（Jeffery Kipnis）在"P-Tr's progress"中，也都进行了相关的概念辨析与批判性思考。基普尼斯认为这一概念在空间中应是解读（read）而不是观察（seen），是体会解读（mind）而不只是感官感受（senses），以埃森曼的作品为例，他提出半透明性比透明性更以一种模糊性与动态性的方式表达阅读乐趣与时代特征，清晰（clarity）是透明性的特征，而半透明性（translucency）更为模糊。同本文集中，泰伦斯·瑞莱（Terence Riley）认为罗在建筑形式中找到了视觉上的"眩晕"，造成了感知的延迟、障碍与迟缓，颠覆了透视对建筑设计的主宰，扩展了它作为评价工具的范围，而可以针对当代建筑的多样性进行操作。他还认为应将对形式的关注转向了对感知、感情、效用的组织中去，轻型建筑应该指向广阔的社会与历史文脉，并且缩小抽象再现与实在建构的区别。对比密斯和库哈斯的作品，密斯力图形成一种现代性的清晰化表达（clarity），而库哈斯所展现的是一种后现代的隐藏式的（veiled）暗示的（implied）与模糊的（blurred）表达。

在JAE建筑教育期刊2003年第4期中，集中了2000年之后的有关透明性的讨论，其中包括了安东尼·威德勒（Anthony Vidler）的论述。2009年，贝奥特利兹·科伦米娜（Beatriz Colomina）在《模糊的视野》（Unclear Visions）一文中对物理透明性与技术发展之间关系进行重申。Eve Blau在哈佛GSD开展过与"透明性"有关的课程，也持续若干年。

从早期视觉艺术领域内的提出，到吉迪恩在建筑学的引入，以及罗和斯拉茨基的对于"字面的"和"现象的"分类，透明性都无法切断与时间空间、视觉知觉的亲缘关系。事实上当代的心理与哲学研究者，仍在使用透明性的概念探讨不同灰度的图形的视知觉联系，以及视知觉与图底关系的辩证关系，等等。

2.4.2 柯林·罗：浅空间与矛盾性

罗和斯拉茨基应用完型心理学、历史的分析方法与现代艺术的视野，丰富了现象透明性的概念。在他们的观点中，柯布西耶的加歇别墅具有现象透明性，不同于德绍包豪斯所表现出实际的透明性（图2-1）。但尽管罗与斯拉茨基共著透明性一文，其学术背景不同也造成了之后观点的分歧。从两人的共有成果来说，他们所分析的加歇别墅中的空间维度的矛盾性沿用了凯普斯所提到的透明性的特征：深空间的现实与浅空间的认知推论形成联系，通过由此产生的张力，产生了重复的阅读。其中，竖向五个层次及横向四个层次对建筑体量的分割，是引起空间理解不断波动的结构条件。这种解读，认为立体主义带来的这种无需统一在封闭形式的形式组织自由，是现象透明性的一种基础性前提。

罗在论著《风格与现代建筑》中探讨了若干古典建筑的立面形式，再如他之前完成的论著《理想别墅的数学》，可以看到，罗在之前的建筑理论研究本身就集中在了建筑立面。从一定程度上决定了这篇文章"浅空间"的主题基调。现象的透明性组成了罗对空间构成的阐释的另一些方面，而他早期对建筑立面的研究起到了决定性的推进作用。至此，以上内容还奠定了罗之后对矛盾、模糊的空间的阐释基础，如碰撞与拼合（拼贴城市）、歧义模糊，是他感兴趣的理论节点。

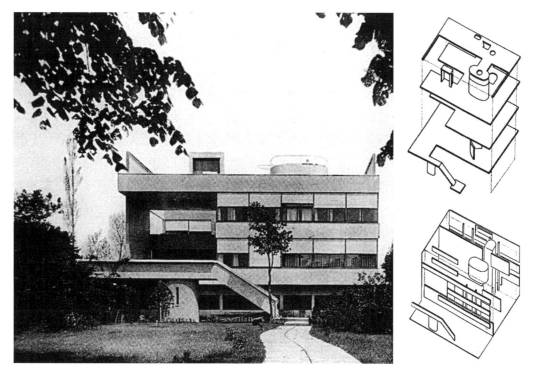

（图2-1）

　　他们对建筑的观察标志着一个实在的发现，帮助罗明确阐述了"矛盾冲突的策略（conflicting strategies）"，并在加歇别墅的案例中以一种类似数学的方法进行说明，在透明性中，针对空间深度与平面化的概念得到了综合的研究。同时，这些思考也为后续的研究提供了丰富的来源，也为霍伊斯里所提出的整合矛盾混杂的城市空间的透明性方法奠定了基础。

2.4.3　罗伯特·斯拉茨基：深度表面

　　斯拉茨基的"*Aqueous Humor*"《再读透明性》《纯粹主义之后》等文章，以画家的视角对柯布西耶的绘画与建筑做出了大量的研究。他使用1910年之后立体主义绘画中的"水性的视野"的概念，来探寻柯布西耶作品的建筑性表达。其中，在分析立体主义的过程中，他提到了一个创作概念为"空间的加厚（thickening of space）"。他认为立面是观察者与内部空间之间的功能界面，它本来只是形成入口与其他穿透功能的形式，而现在，立面具有更深层次与原型的意义，具有显示各种

图2-1　罗及斯拉茨基对加歇别墅"浅空间"透明性的解读
（图片来源：罗、斯拉茨基，1955）

表情的"脸面（face）"。在对柯布西耶绘画与建筑作品中的"水性（watery forms）"进行简要介绍时，他总结出柯布西耶通过绘画来进行建筑实践，一直持续记录着建筑体量与画面上有时模糊但一直在场的空间关系。在这个意义上，尽管绘画与建筑的形式目标和社会意义被严谨地区分开来了，但是这两种艺术形式仍然持续地以一种互惠的形式在发展。

在罗对平面和立面的几何式解读及立面的"层化"式的理解基础之上，斯拉茨基引入了无限隐喻与显现的空间的深度概念，这一概念显示出透视性方法已经被抛弃，平面本身传达了空间连续性这些观点。在对罗的拼贴城市进行评价时，他认为拼贴是有关空间，而蒙太奇是有关空间时间，从而提出了不同的观点。斯拉茨基不仅带来了对画面的敏锐性，也带来并发展了对图底、空间与表面概念的强烈的理论性审视。他的研究承接约瑟夫·亚伯斯，仍是以画面为主要对象进行阅读，由具有深度空间的表面，延伸到所有空间中的造型艺术。

2.4.4　戈尔杰·凯普斯：轮廓结合与渗透

凯普斯与莫霍利-纳吉、约瑟夫·亚伯斯都曾执教包豪斯课程，之后又任教芝加哥设计学院，通过教授"视觉修辞（visual rhetoric）"培养设计师。他认为有效的设计由对视觉的基本属性的理解而生成，对透明性的定义以格式塔心理学为基础。在视觉语言书中"视觉表征"一章中，他提出了"透明性"的概念，认为透视冻结了生动的视觉财富，抹杀了在感知中的时间因素，形式在动态感知中获得，模棱两可的图像在叠加的平面与"轮廓的结合（marriage of contours）"中凸显，为更深刻与广泛的人类经验提供了可能性。

他所提出的透明性取决于认知主体的空间经验，这是视觉力量和空间力量的来源。认为透□心在于渗透，渗透是整合的驱动力。而当代建筑通过使用透明材质而融合了空间秩序，□□外完全的渗透与靠近，从而提供了空间的最大感知。同时，造型组织的最终目标是一个运动的结构，指示新的空间关系的发展与方向，直到体验达到其充分的空间饱和度。为了解释"相互渗透而不破坏彼此"的表述，凯普斯使用了毕加索对卡斯维勒的画像，奥赞方的纯粹派静物，GF Keck的摄影作品和莫霍利-纳吉的"空间构筑1930"，来示意立体主义绘画中重叠的形象与建筑中的内外渗透。

2.4.5　莫霍利-纳吉：运动与知觉

1937年，为了重新建立现代主义教育系统，芝加哥艺术组织邀请莫霍利-纳吉在芝加哥成立他的新包豪斯体系。在他《运动中的视知觉》一书"文学（literature）"一节中，他提到了乔伊斯的《尤利西斯》，作为一本新文学建构的优秀作品，被类比为立体主义作品，不同的元素、事实的碎片被融为一个新含义的统一整体，从而这些潜意识中不一致的不合逻辑的成分，组成了整体的理解。

他也明确提出了透明性就是"空间-时间"问题：空间时间的序列和视觉可感知的语言包含了蒙太奇图像编辑（photomontage），叠印（superimposition），图解（diagram），激增（explosion），幻想（phantom），X光（X-ray），剖断（cut-away techniques），频闪运动投射（stroboscopic motion projections），等等。在他的观点中，运动中的视知觉存在于空间物理关系之中，也因此会产生阅读的困难与视觉矛盾，但视觉艺术的感知同样与人类的潜意识和心理要素（psychological）相关。"增加了一个维度的时间空间，是我们理解与洞察环境和自我的工具，也是我们展望与审视情感和心理事件的一种方式"。对莫霍利-纳吉来说，感知的动作被分为两部分，即运动中的视觉包含了引导眼睛在画面上、空间中游走的时间，以及通过阅读在事物被阐明与理解需要的时间。

2.4.6 希格弗莱德·吉迪恩：四维空间与可见之外

吉迪恩作为最早的建筑史学者之一，师从艺术理论家沃尔夫林（Heinrich Wolfflin）。他提出了基于四维的空间，在主体移动中，内外之间与主体和客体之间边界会消解，这种思维的与时间和感知不可分的空间被吉迪恩称为"相关性空间/关联性空间（relational space）"。吉迪恩认为，包豪斯校舍空间单元相互渗透得如此微妙和亲密，以至于无法明显地辨认空间边缘，一个视角无法概括整个建筑。这意味着艺术想象的崭新方向。它与毕加索的画作《阿莱城的姑娘》有着异曲同工之妙：同时性显现的多面重叠与多元结构参照。

吉迪恩提出的四维空间概念，与时间和知觉主体围绕同一空间对象的自由移动有关。其中"渗透"是最常用的词语，这其中物体的自主性如内与外的边界的自主性被溶解成关系空间。由于新构造方法和新材料的使用，现代建筑的空间相互关联并彼此贯穿而使得各自的界线无法清楚认出，却又统一在一定的构成方法（composition）之内。尽管之后罗认为这种透明性是实际、字面的透明性，并没有说服力，只与机器美学（machine aesthetic）相关，并强调了凯普斯定义的不同空间位置的同时感知，是现象的以及幻想的（illusionistic）透明性才有更高价值，却并没有动摇之后的学者对吉迪恩的时间-空间概念的正统性的坚持。

他的诺顿讲座"时间空间建筑-新传统的生长"形成他的重要观点，阐释了格鲁皮乌斯的成就，并且第一次在建筑领域使用透明性的概念。在文章"透明性：原初与现代-在永恒的当下：艺术的起源，对持久与变化的贡献"中他论述到，绘画中的透明性就像根茎埋在地下的土豆，通过外在轮廓即可以分辨藏匿于物象之后的实体与隐藏含义。他提出了内在影像（internal image）的概念，可以被意识与精神阅读的物象的表征。而这种内在影像包含了一种自发的、在某一物体中众多可见特征的有意识选择。人们可以假定"心眼（mental eye）"包含了一种在视觉元素中选择的等级性，只有那些被认为是绝对需要的要素被保留和呈现在作品当中。

他还提到了两种透明性：第一种是不同构成的叠加，物体或者轮廓线，一个个叠加，而并不会损害或擦除掉任何一个结构，例如奥尔塔米拉岩窟中的黏土手指画，图形被各种起伏的线条交叉缠绕，以及法国南部的佩奇·梅勒（Pech Merle）洞穴，不同部分不同时期的各自的神龛图像叠合，同时性和透明性紧密的结合在了原始洞穴艺术中，时间的概念在再现过程中被引入，蕴含在时间序列中的过去、现在和未来，使之同时存在（图2-2）。

第二种是使实体变的透明，通过同时描绘内部与外部而展现。透明性在原始绘画中是很常见，而在现代艺术中又重新展现。因此，史前艺术与当代艺术都显示了透明性。对多个动物轮廓叠加，其中每一个线形框架容许每一个动物都能在若干其他轮廓中被辨识出来。因为有X射线式的透视性的表达，单一实体也可以被描绘出物体内在的部分，而同时保留了它可见表面的轮廓。

同时，吉迪恩曾提到的渗透性的社会含义，影响了瓦尔特·本雅明（Walter Benjamin），他所提出的19世纪拱廊和室内的形象是一种基于开放性和透明性，而不是安全性和隔离性的栖居概念。对于本雅明来说，透明性的动机不仅仅停留在字面含义，在其引用中，他将吉迪恩所使用的术语意义上的空间透明性，与栖居于永久性场所和过渡性区域的个体所具有的灵活性和适应性联系在一起，也与时间结构内在的灵活性联系在一起。

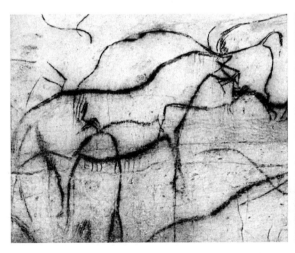
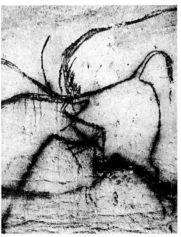

（图2-2）

2.4.7 伯纳德·霍伊斯里：秩序的整合

霍伊斯里将透明性的思想带回了瑞士，并结合这种方式发展了一系列设计方法，在ETH也引导了一系列对这种设计方法的实践。卡拉贡（Alexander Caragonne）形容德州大学课程中的设计问题就是不断地在项目、场地与环境的矛盾中进行取舍与让步，而霍伊斯里是这一教学目标最忠实的贯彻者。他帮助了罗和斯拉茨基发表了透明性的文章，本人也由此概念发表了一篇评论，论述透明性如何作为一种设计方式来使用。他将透明性作为一种整合方法，可以使不同的要素互相加强并互相帮助，从而形成更大的综合效益。他认为建筑师更需要以谦逊的态度处理好公众利益而不是彰显个人形象。在这一基础上，透明性对他而言是一种在现代主义早期探寻中处理混乱表象的统一性秩序，更多的是为尚未充分成型的学科结构提供潜在的框架。他的学生Mark Jarzombek在《伯纳德·霍伊斯里：拼贴》一书中指出霍伊斯里一直尝试探讨拼贴作为一种城市设计方法论的可能性。

他也一直坚持认为赖特、柯布西耶、密斯的建筑作品中存在着不可否认的感知差异。他一直尝试拼贴的创作实践，不同于罗的"拼贴"概念，更像是"时间复写本（palimpsest of time）"的概念。霍伊斯里在设计实践中充分整合了透明性的设计原则和他的社会哲学。他把拼贴看成一种现代性改革中的图像练习。其目的是在现代建筑空间惯常组织的突破中建立"对话关系"。基于工作过程和历史中的双重时间编码：一个为共时性，一个为历时性，拼贴在霍伊斯里的观点中是"现代建筑中唯一可能的解决方式"，移除了现代建筑的自主性，承认自身的可操作性地位，创造"对话性的城市（dialogical city）"。Jonh Peter Shaw也在《霍伊斯里：拼贴》这本书中提到霍伊斯里的思想是激进、有趣、创新的。事实上在霍伊斯里来到美国之前，霍伊斯里在巴黎跟随费尔南德·莱热（Fernand Leger）学习过绘画。在他对透明性文章的评论中，他针对现象的透明性提供了一个简明的构想，即隐含的是不断对深空间的感知。这个概念是一个分析和批判的工具，同样适用于建筑和绘画。至此，透明性的概念从解读视角发展成为一种设计途径。

2.4.8 代特里夫·莫廷斯：关联性空间的重申

安东尼·维德勒认为透明性将机械美学的认识转换到"洞察"之中。它的功能就像"解剖模型"一样，展现了所有隐秘之处，透明性最终的呈现状态是一种晶体的表达。罗与斯拉茨基提出的透明性是实实在在的，

图2-2　派许摩尔洞穴绘画
（图片来源：吉迪恩，1952）

而不是留白的，当内部体量被设为晶体，或者悬浮在其中的时候。这些都可以在体量的表面上进行投影而再现出来。透明性与三维的模糊和平面化的展现方式有关，物像之间进行重叠，呈现出晶体的密度。

吉迪恩的学生代特里夫·莫廷斯则是更为坚定的吉迪恩拥护者，在一系列相关理论研究的文章中说明①：罗和斯拉茨基所提出的透明性只是眼部运动，呈现纯粹视觉性（purely visible）与自治的物体特征，二维认知下的透明性更多是一种感知愉悦（simpler pleasure），只存在于空间压缩相关的空间厚度。对于他们来说，时间在观者视角是维持不动的，更确切来说，时间只是在观察进行时，眼睛进行内部活动时而消耗的。在不同层化空间中，眼睛进行激荡式的"运动"而产生了空间厚度的感知。

而吉迪恩认为现代空间是四维的，是与时间和围绕物体的感知不可分的，吉迪恩的透明性所显现的是一种主客体关系：由于主体运动，打破封闭而形成开放的流动的场域中的感知。"现代建筑、艺术、技术的平行发展，使后透视（post-perspectival）得以发生，通过调和主体与客体的互动关系，显现它的开放性与相对性、不完整与动态性、同时性与本质的模糊性。对比透视的图像规则，时间-空间是一种内部外部、主体客体交织的空间感知现象。同时，对物体的建构是在处理他们之间关系时而形成的，而这种关系并不是自然主义的。它的开放性不是物质的而是一种感知状态，是观察者（observer）在行进中的不同感知。这种接受与认知是非再现的（non-representational），参与式的（participatory）及拒绝封闭的。在这种动态组成过程中，生产者（producer）与观察者（observer）均成为空间的生产力量"。通过扩展蒙太奇的视觉特征，开放的"装配（assemblage）"使主客体交织在一起，在流动的场域中创造经验。

莫廷斯认为，罗和斯拉茨基提出的对空间感知的浅空间模型，是为了"在生理层面的视觉性与建筑中的自律之间寻找一种客观的一致性。这种自律性来自于对建筑形式清晰性的强烈控制"，由此他们假设了一种新的认知方式和新的感官愉悦方式，以立面作为建筑理想视觉表达方式的载体，而吉迪恩对现代性空间的思考，是在统一、控制、知觉的语境下展开的。他认识到综合立体主义、拼贴和蒙太奇标志了从绝对的再现方式向"自我定位意识（self-positing consciousness）"方式的转变，这种自我定位与自我置入造成了生理感官在不确定的空间中所形成的偶发震荡的视觉徘徊，它既是实在的又是不可言喻的。莫廷斯的观点倒向了吉迪恩和莫霍利-纳吉的透明性，认为这才是"现象学"所感知的，才构成对机械、工业时代生产方式及主题无意识接受方式的对抗。

2.5 东方书画中"时空"的再现

2.5.1 主客体的交互统一

西方对空间认识的主客对立的局面是在时空认知的不断发展中被打破的，不断有学者，如列斐伏尔、哈维、布迪厄、梅洛-庞蒂、伯格森等，探索时间空间以及主体的交互关系、形成了现象学范畴内对身体空间以及知觉理论的辨析。由此而来的透明性概念，很大程度依赖主体认知及个人经验参与空间形成的过程。

尽管透明性来源于西方，但立体主义对透视法革命性的颠覆，以及再现过程中对时空的组织，与东方语境下的书画艺术的时空观有着不谋而合的相通之处。中国画家舍弃了"目有所极故所见不周"的有限视域的透视再现方式，很少以固定、静止、单一的视点来描摹世界，因此同样在作品中显示了"透明性"或是"现象的透明性"。正如东方绘画中观看与观读的概念所启示的，运动空间意识更强调一种体验主客体之间的交互。同时，古人作画对表现空间的认识，不只是满足于写实的客观再现，而是一种全面的可展开的、高瞻远瞩、由表及里的描绘方式，体现了对事物全貌与结构的整体联系。画面中的描绘，多是画家心理时空的表达，经过了个人感情的再加工，使主客体高度统一在一起。主观意识的存在使自然与自我之间形成平衡，因此传统山水画中对待空间的认识与创造就是主客观结合的过程显现，也由此产生了画境文心的诗意空间。

2.5.2 时间对空间的统领

立体主义的空间再现也呈现了时间的作用，为了体现时间的存在，分解了再现物体的形象，利用多重角度的观看再现了主体认知中的整体的、运动的表达。

同样，中国绘画在时间中导引对再现场景的阅读。从绘画方式来说，中国绘画就包括了游记式的作画方式，通过"步移"而再现"景异"，是一种"游观"的方式。此外，读画的行为也呈现出了主客体关系以及时间性。在阅读过程中，手卷的释读就是时空一体的叙事。从一定角度诠释了时空扩展与时空压缩。巫鸿教授认为手卷具有三个"媒材特质"。分别为：①使用"手"来操作，而不只是使用视线（gaze）触及画面。②手卷作为绘画媒介展开了空间与时间上的观画过程。同时也包含了"开卷""关卷"的两个时空节点。其中出现了移动的景象，并且由观者自己展开，所欣赏的不是一副而是展开过程中的图像内容。③"私人"的特质，一次只能由一位观者进行展开并掌握阅读画面的节奏，形成个人化解读。

手卷的再现方式及阅读方式的时空性，类似观影与游赏的过程。进一步分析，巫鸿还认为手卷中存在有：分段观看、确立"内部界框（internal frame）"、构成空间单元（spatial units 或 spatial cells）。内部界框的存在"协助界定单独的绘画空间；结束前一个场景；开启后一

---

① 他的文章《透明性：自主性与关联性》《完全不是字面的：吉迪恩以及在德国对立体主义的接受》、博士论文《尚未到来的透明性：吉迪恩以及建筑现代性的前期》形成了大量相关论述。

个场景"。不同界格中的形象在观看的历史性过程中累积，而在阅读完成时，又可以形成一种共时的叠加，在头脑中进行组织与联系。眼中的一段，印象中存在的画面，以及对即将张开的想象，一直进行来回的迁移，可以随时停歇，也可以倒回，而实现观者总体的想象。这其中的互动性表现为，手卷中的图景作为画者"身外"的景物被塑造，画里人物也并不直接表达画者的存在，而与观者进行想象中的互动。

2.5.3 画面构成的东西方差异辨析

虽然立体主义的时空观念与东方时空观有很多形似之处，但西方绘画中时空再现的出发点、再现方式与空间架构的组织关系有着很大的差别（图2-3）。立体主义有意引入时间概念去表达更具真实性的世界。中国绘画本身视点的游动造成了空间的流动性，图面本身结合了主体的运动性，很少直接使用形体上的交叠，文人身份的绘画与造园活动体现着"时空无限""物我交融"，并不是为了表达空间的真实状态，而是引入一种主观的情感。对比"注视"的方式，中国绘画更需要移动的视线观察，或者称为"时视"，是一种观看主体在时间持续作用下的观想与投入。尽管立体主义也必须依靠主体的持续阅读与认知，但往往在这种阅读过程中出现一种选择性而非呈现"时序性"。

多视点的时空重叠，在立体主义中呈现为片段的碎片，而在中国画中经常出现三维与二维的跳动与暧昧，经由一个实际界面进行逻辑联系，而产生之间更强的联系性，山水画中片段的描绘常借由精妙的组织关系形成一个看似连续且具有逻辑性的时空联系体，而其中蕴含的是多种时间场景或者多样视角观察（图2-4）。对于平面介质中深度的表达：画面常用"推"的方式，以形成间隔，并可借由"推"转向藏与隐匿。通过"平摊"和"纵深"的处理，画面由此显现出景深。景观之间互相掩盖表露，似离而合。在画面组成上，巫鸿还对屏风在画面中的"多样视角"与"模糊身份"进行了很深入的说明，若是将一幅画作为图像的

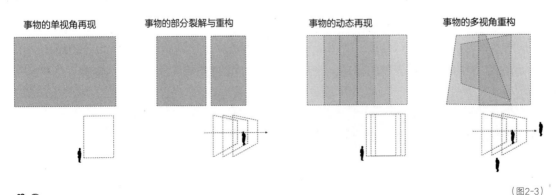

事物的单视角再现　　　事物的部分裂解与重构　　　　事物的动态再现　　　　事物的多视角重构

景观透明性与基于差异显现的设计方法

（图2-3）

物质载体，那么其结构中内部间隔（internal frame）仍具有界定、承上启下、模糊暧昧的架构关系，并呈现其中包含的时间性。韩熙载夜宴图的架构关系，通过屏风这一"阈限"之处的不同安排，同样呈现出了透明性（图2-5）。对于手卷来说，还应该表现通过空间布局，实现双重的功能：通过形象的表现力传达意义，以及通过结构设置引发观者下一步的阅读兴趣。

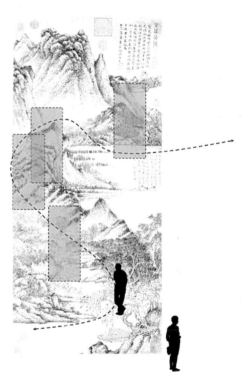

（图2-4）

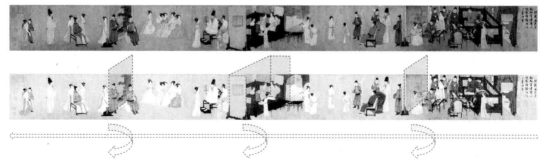

（图2-5）

图2-3　西方绘画中时空的再现模式
图2-4　中国绘画中对时空的再现与布局构成A
（元·王蒙，花溪渔隐图）
图2-5　中国绘画中对时空的再现与布局构成B
（南唐·顾闳中，韩熙载夜宴图）

9 8 7 6 5 4 3

第 3 章

透明性与当代景观设计价值取向的相关性

III

从全球视野出发，在20世纪与21世纪交接之际，时空压缩的时代背景引发了人居环境中多元信息繁乱共存的空间现象，包含了形式矛盾、感知矛盾、意义矛盾若干方面。景观理论与实践呈现出文化、审美方面的价值观转变，及相应的设计方法的讨论和探索。

首先，对现代主义的单一性与理想性的批判，直接影响了规划设计师的设计方式选择与空间呈现倾向；同时，在面对人居环境尤其是城市空间中所出现的空间问题，景观的介入会显示出强大的整合与优化作用，景观都市主义的提出已经显示了这一趋势。同时，这两方面变化都从某些角度指向了一种多元层叠的空间架构关系，因此，对当代景观的价值取向与社会责任的探讨有助于深入解析透明性在当代景观理论中的作用。通过论述当代景观的价值取向对透明性在景观空间呈现所提供的支持，可以论证二者内在逻辑联系及合法性。

3.1 当代景观设计的价值取向与"透明性"呈现

所有景观设计结果不可能是价值无涉（value-free）的。西蒙·斯沃菲尔德（Simon Swaffield）曾强调判断性思考与设计思考不同，前者输出真理，后者输出价值，设计过程与结果展现了随着时间变化的价值观（time-based value）。

从十九世纪的花园设计到奥姆斯特德设计的城市公园，现当代景观范畴内相继出现关注重点的转变，如乡土景观、环境生态转向、历史与遗产保护、文化唯物论与景观、社会认同与生态正义、符号学与景观象征、视觉与语言学、文化地理学、现象学美学与场所理论、参与式与基于场所的设计，等等。价值取向与因此产生的设计理论永远没有定论，而是持续进化与发展。

在后现代的语境下，汤姆·特纳（Tom Turner）认为景观存在多种价值与多元性，埃伦·德明（Elen Deming）编著的《景观与环境设计的价值：寻找理论与实践的中心》，用大量笔墨阐述了价值传达在景观设计与管理中极其重要的地位，并确认景观既是物质的，也是一种概念媒介（conceptual medium），表达了针对归属、控制、身份、力量、美德、景象、美的社会信仰。本研究观察了当代价值观的一系列转变，将其导向的与"透明性"有关的五种景观空间新特征（图3-1），在本节总结如下。

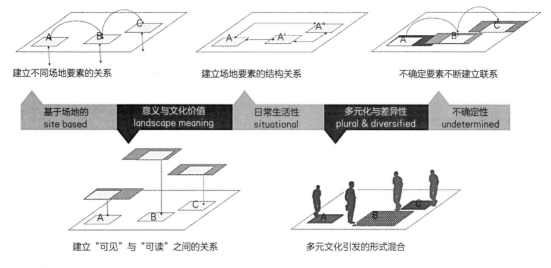

建立不同场地要素的关系　　　　建立场地要素的结构关系　　　　不确定要素不断建立联系

| 基于场地的
site based | 意义与文化价值
landscape meaning | 日常生活性
situational | 多元化与差异性
plural & diversified | 不确定性
undetermined |

建立"可见"与"可读"之间的关系　　　　　　多元文化引发的形式混合

（图3-1）

3.1.1　揭示场地本质与原貌

　　伊丽莎白·梅尔（Elizabeth K. Meyer）在《场地索引》（*Site Citations: the Grounds of Modern Landscape Architecture*）一文中论述景观与场地本身的关系，提出当代景观设计已经从"描绘平面"转变为"场地作业"。设计本身是对场地特别之处所进行的放大，脱离由田园、如绘为主要设计出发点的设计价值观，转向怎样揭示其当前与历史的状态。"设计结合自然"的相关论点、哈普林的RSVP循环都是对动态的、波动的、场地特征的关注，从而从艺术的边界拓展到"场地"的认知层面。Kwon也认为，后现代式的场地关注挑战了现代美学的客体性、自主性，可移植性与地方性缺乏。

　　城市化与工业化进程中，基于场所的独特性成为景观意义的来源，景观与广泛的文化主题相交叉，而成为文化实践的一部分。对场所独特性的关注，使场地不再作为空的画布，而是具有可辨认的基础并与场域铰接。克里斯蒂·安索伦森（Christiane Sörensen）与卡罗琳娜·利特克（Karoline Liedtke）编著的会议文集《独特性：探讨景观》（*Specifics: Discussing Landscape*）也揭示了景观的基本任务是揭示与发展场地的独特性，强调了在全球化发展中对地方不同属性的关注。在二十世纪九十年代初期，詹姆斯·科纳相关理论更多强调整体性、连续性以及生活关系，之后针对社会语境的变化，他更为关注后现代状况中的场所与地方性缺乏，将景观作为联系家和归属的根基，因此他在描

图3-1　当代景观设计价值取向引导的空间新特征

第3章
透明性与当代景观设计价值取向的相关性

述整体性时更为关注不同、多样的碰撞与续存，认为这种（差异性的）张力是文化整体性与连续性的基础（such tension may be the very foundation of cultural wholeness and continuity）。在此观念下，对场地本身信息的处理需求，使设计行为更为关注建构异质与差异性要素。

3.1.2　创造景观意义与文化价值

在全球化与快速生产的时代背景下，景观在某种程度上成为打破常规、同时按照更为自由和丰富生活的方法将事物重组的媒介，景观的价值从作为文化产物，转为制造和丰富文明的介质，设计行为需要在更广阔的文化环境中拓宽景观的空间而不是寻找一种新的美学风格。

在过去四十年中，文化地理学者与景观理论学者逐步倾向于把景观定位为：景观既是一个概念也是物质场所本身及其表征，通过同时协调自然与文化，从中产生了无尽的想象与可能性。人们需要将景观视为一种道德和想象上、生物上共存发展的媒介，并关注景观怎样表达社会价值。特雷布认为，景观不再只是装饰建筑，而是"融入文脉、提升经验、集合时间和自然，成为构成世界的深层次角色"。

从景观的再现性与意义来说，诠释学影响下的景观中不断呈现文本性的解读意义，如科纳在早期两篇文章"*Discourse on Theory I: Sounding the Depth-origins, Theory and Representation*""*Discourse on Theory II: Three Tyrannies of Contemporary's Own Narrative*"中的阐述：诠释学不是科学式的思维方式，更强调主体与情景意义的建构，这与训诂学、语言与意义相关，需将已有观点和知识融入对事物的认知中，景观因此成为综合性的战略性的空间形式，从外在与意义上对世界与环境进行介入，而非景象的、理性的、精简高效的生产过程。景观作为文化上重要的实践，依赖于设计者以新的方式塑造世界的能力，使用新的设计方法以及更复杂的再现方式，以丰富的、现象的、有效的方式展现这些形象。

从场地本身所蕴含的意义来说，约翰·布林克霍夫·杰克逊（John Brinckerhoff Jackson）从文化与乡土景观的角度，引入时间概念以及景观度量、序列、记忆、经验等意义要素。丹尼斯·科斯格罗夫（Denis Cosgrove）提出的景观观念，揭示景观是自然中集体生活的表征，从对社会与经济的反应中形成得来。他认为景观的特殊力量在于可以提供强大的空间感官经验，包括人类与土地关系的意义。伯纳德·拉苏斯（Bernard Lassus）在他的相关理论中强调历史关系与想象空间，并强调视觉上与概念上的表现对意义的触发作用。另外，对废墟的审美从之前的如绘式的审美需求，转向了后工业空间转换中对失落、衰退的关联引发的相关解释、吸引力与回顾。在《景观意义》（Landscape Meanings）一书中，众多学者针对景观空间如何具有意义进行了多种视角的阐述。这些越发明显的文化转向与景观意义传达，对场地空间建构所提出的要求是：平衡可见与不可见要素的关系，建立可读与隐藏信息的关联性。正如吉迪恩所提示的，可见部分与隐藏部分的想象关联极为重要。

3.1.3　关注日常生活性及结构关系

在尝试对景观的综合性与工具性价值实现回归时，当今学者更为强调组织性与策略性技巧，而不是画面构成，提出应使用具有计划和组成关系的方式替代单纯的再现手法。正如科纳对"landskip"与"landschaft"所进行的对比，认为landschaft（研究场所）是较landskip（创造画面）更为合适的说法。景观体现了意义的塑造需要，日常生活本身创造了公共空间，它将社会关系引入并呈现在场所之中。

这一思想与20世纪50年代情景主义国际等后现代主义理论相关，如心理图像（psychogeography）、漂移（derive）、异轨（detournement）所描绘的主体对场所感知、对轴线与画框的突破，基于个人感情和习惯，在经历"漂移"时对空间的自我重组。这些思考均指向了对现代城市规划及宏大叙事的批判，认为应打破消费社会与时空压缩进程中的消费主义外表，构建鲜活的生活情境。深刻影响国际情景主义的社会学家列斐伏尔的"空间三元辩证法"打破了传统二元论思维，将拓展的三个维度的认识论分别概括为感知的（perceived）、构想的（conceived）和生活的（lived）三种，即：物质空间是被感知的空间，精神空间是被构想的空间，社会空间则是生活的空间。这种思想被国内学者解释为："构想与感知是塑造与支持的关系，生活与感知是体现与激活的关系，生活与构想是抗拒与控制的关系"。

景观空间作为公共生活的载体，体现了与主体更密切且有逻辑的交互关系。景观根植于人们的现实生活体验，其内部存在的复杂结构及叙事模式，与社会、生活、生产关系，尤其是与日常生活性密不可分。通过处理与整合景观空间中的碎片信息，使其归为可认知的逻辑结构中，才可能激发更多个人化的认知体验过程。

3.1.4　关注过程性与不确定性

阿诺德·伯林特（Arnold Berleant）认为，环境变动不居，不断受到时空影响，这是风景园林学科所不能逃避的一个问题。2007年出版的《大公园》（large parks）中，Meyer认为，在时间景观的影响下，景观的物质流使物质形态具有不确定性。Fernández Per将德塞都针对战术与策略的描述进行了公共空间语境的转译，指出策略通常成为权利的工具，而战术则应被市民应用；战略占据空间，而战术不断在时间中得以作为和体现；战略是控制，战术根据现实逐渐形成反抗与渐进的改变。可以认为，在公共空间的生长中，战术性的措施会一直伴随时间发展而不断形成。许多改造项目本身就是以场所的不确定性作为设计前提，尊重并且有效利用了设计中的不确定性形成场所活力。

设计根据场地与社会而实现战术性的调整，在调整过程中产生多重空间属性的叠加，不断地自我生长和被修正。过程中的异质要素与不确定要素不断产生联系形成新的结构关系。

3.1.5 尊重多元与差异

持续被关注的景观的公众性、公平与平等价值，也创造了景观新的价值转向。克劳迪娅·巴斯塔（Claudia Basta）和斯特凡诺·莫罗尼克（Stefano Moronic）论述了当代城市空间的两个基本特征：多元化与综合性，为设计伦理所无法逃避的两个出发点。从主体来说，多元性来源于宗教信仰，文化兴趣，生活方式的不同，因此产生多种形式的自我实现与个体、群体想法的多样性，现代城市尤其是大城市中，多类人群生活在同一空间，移民的增加使得多文化共存发展，催生了更多共享空间与价值（shared spaces，shared values）的相关概念。另一方面，景观空间处于复杂现实之中，包括城市物质空间的多中心式的交互、非线性的交互，因此与主体产生直接或非直接的反馈，空间持续出现无法预料的新模式，在试错与变化的动态过程中得到改变。

从文化角度说，本土地方化与全球化持续的博弈作用产生了复杂的混合物（hybrid/creole），"不同文化模式与观念的交织使空间更为混杂化（hybiridization）；在其相互渗透而产生化合作用又形成了混合化（creolization）"。文丘里就在此后现代语境下论述了建筑的复杂性与矛盾性，认为现代性导致了真实体验的匮乏，空间的特定性格被忽略。当代景观实践也不断强调凸显民族文化自信的重要性。

近年景观实践对多元文化的尊重与多元文化载体的不断混合，使设计师不断承认与发展空间内在的多样性。在对空间认知状态的发展中，"复杂性"不再被认为只是存在矛盾性与对抗性，而是包含着自由的差异。传统的地域景观本身可以作为实现多元文化的条件，而随着空间压缩的加剧呈现，又不得不打破固定的类推模式及预先模式设定的限制。

3.2 当代景观设计的社会责任与"透明性"呈现

3.2.1 整合城市空间

在结构主义与诠释学引入景观理论时，萌生了"解构性"的思想，它挑战了单一性和稳定性，并对时代中不可协调的矛盾采取了开放与保留的态度。近年来景观都市主义的提出，又探讨了景观可以作为城市的职能部分与结构支撑，被引入而处理城市中的矛盾。科纳等人的当代景观实践不断将艺术、文化，与高密度活动的城市空间职能相组合，作为干预城市发展的措施。景观在城市空间中发挥越来越大的整合作用，兰·汤普森（Ian Thompson）论述景观与城市设计之间的区别逐渐消失。景观作为场所感重要来源，以及作为提升型的基础设施，对城市具有明显的催化作用。哈普林创造的城市绿洲、理查德·哈格对城市疮痍的改变，都意识到了景观作为基础设施与设计场所的催化力量，使环境产生新的活力。科纳的相关理论不断强调了"再次""改造"而不是"去除""翻新"在景观中的意义，脱离了保守主义的观念。

芝加哥的若干景观实践项目，在一定程度上反映了北美景观都市设计将景观作为调和复杂空间工具的实践理念。市长理查德·戴利（Richard Daley）倡导的城市景观项目一方面揭示了城市本身的复杂性，另一方面显示了景观如何整合并有效地创造场地新的功能、空间体验与生活经验，如何与其他形式的空间进行协调和互换的作用。在城市各种复杂局面中，不同的系统遵循不同的逻辑与规则混合，而景观可以起到中介、调停、融合的作用，更易于连接不同空间内容与界面，对差异性具有更为包容的态度，而建筑则很难实现这一层面的功能。

3.2.2 处理空间碎片化的问题

景观对城市的整合作用从策略层面实现了对城市多样性的集合与结构梳理，从战术层面来讲，对城市碎片景观的关注同样具有很大的现实意义。德国建筑学家和城市理论家托马斯·西弗茨（Thomas Sieverts）论述了城市中的现象：碎片城市景观的出现，联系他个人所提出的"夹缝城市 zwischenstadt（intermediary）"理论，发展成为一个更为综合的概念。"碎片化的城市景观"已经是全球化蔓延的空间现象，极度综合化的空间实体，出现了混乱和失调的情况，人们面对碎片化的城市环境，势必会降低对文化了解的兴趣。

在这一背景下，景观的创造更易产生一种连续性的视野与目标去缓解公众的焦虑，通过叠加多样的信息系统中的个体情感境遇、社会美学经验，使城市各个系统不是片面的自我指涉，而是使碎片化空间的各物质层次具有可见性与可读性，形成一种秩序，连接居民的情感关系。另一方面，景观空间更易对废弃场所产生激活作用，提高环境质量，例如城市发展中，很多学者开始对"剩余空间"产生关注，空间中未被充分利用的消极空间，在向景观空间转化中具有更高的可实施性，这也对景观空间处理现状矛盾的整合能力提出更高的要求。

3.2.3 传达多元景观意义

正如前文所述，后现代语境下的当代景观试图找回场所的本真面目而不是创造新的物体。汤普森和特纳认为后现代景观即便仍在沿用现代园林的形式，也需展现历史性及文化性的双重译码特征。查尔斯·詹克斯（Charles Jencks）所定义的"双重编码"，认为现代技术与传统物质结构（建筑）结合，可以更好与大众进行交流，形成与城市和历史的有效联系。双重编码对不同事情的同时表达，强调了多种语言的共同作用。在对多元价值的承认中，景观的意义与功用也更多考虑了多元与差异的恰当显现。当代景观以场所的意义和情感体验为核心，旨在满足多样人群追求趣味和个性的精神需求。

不同于单体建筑借助拼贴、折衷，甚至折叠的方式，去统一对立的空间，景观更容易从空间结构上与城市或区域空间产生联系，重新捕捉意义并进行混合。同时，多元与差异的对立性使彼此更容易通过确定彼此的身份，而显示其内涵意义。

当代景观作为复杂的空间容器与纯粹主义抗衡，利用其公共性，触引不同的被主体持有的文化经验的碰撞，而催生意义和价值的新形态，景观的文本建构，使认识和获得外界现实意义的多种模式相辅相成，因此更趋向开放、宽容和包容。景观空间更易于包容不同事物，从可见性与可读性直接作用于认知主体，以"两者兼顾"而不是"非此即彼"的状态揭示社会与文化价值的多重含义。

3.3 差异、多元、异质的哲学观对景观设计的影响

当代景观的价值取向与社会责任均指向了对差异性、多样性以及多元、异质的关注与包容。在此基础上，本章节对此类概念的具体含义、指代意义，以及哲学基础进行研究与阐述，形成对比思考，以定义景观空间中的差异与多元。

（1）差异性："差异"是二十世纪西方哲学尤其是法国哲学的重要研究对象，用以解构"罗格斯""同一"的固有认知。差异的思想反对求同去异，旨在拓展形成多元话语格局。复杂性可以描述为空间要素属性与其形式的多样性，通过其间联系构成事物或群体的总体特征，在持续运动和发展过程中，使空间要素产生更多的相互作用。吉尔·德勒兹

（Gilles Deleuze）认为事物在生成和发展过程中贯穿了差异的状态，展现出非同一的异质合构特征，差异通过重复产生无穷性。他还由此提出了时间晶体（时间层的多样性流动，向过去和未来同时开放）、褶子（展开折叠的物质变化）、块茎（代替树状思维模式，主客体界限模糊）、游牧等相关理论。情景主义国际、科纳、埃森曼、屈米的创作思想与理论成果都受到这类哲学观的影响。德勒兹相信差异带来创新，从而拓展多种可能性。在认识事物本质的观点下，德勒兹将差异进一步定义在事物本身的存在与意义的来源，认为运动状态本身与环境空间的差异中存在互相证明与关联，秩序、节奏、连续性是基于差异而产生。

与德勒兹的认识过程相反，巴迪欧（Badiou Alan）认为德勒兹的差异概念定义在单义存在概念上，是"一"的差异，而非"纯多"，即"自身的差异（difference in itself）"与"具体的差异（spcific difference）"的区别。德勒兹提出的差异是本体化的概念，这与建筑语境下的时空与层化关系的体验更为相关，是本体存在的差异在其组织显现中，引入主体认知而呈现互动的变化。巴迪欧将德勒兹的认识关系反转，认为存在是"纯多"。

（2）多元化：全球化与多元化的时代特征，带来了差异的环境与不同的建构本质。多元论主张世界由多种本原构成，其广泛意义包括了价值多元论与文化少数派，可以在建筑、艺术、文化、宗教等多个领域中进行解读。价值多元论认为建构社会的主要目的是处理差异。女权主义哲学家哈丁将拼贴观念作为"边缘认识论"（borderline epistemology）的一种模式，这种模式认可不同文化背景产生的不同的认知和建构世界的方式，并且将这些方式混合杂糅产生一个新系统。从建筑与城市视角来说，詹克斯所提出的多元论包括了：无组织、有组织、协同的复杂性等若干类型，认为多元的价值意义包含着模棱两可的特征，只有这样才能使人有不同感受，实现认知的解放与增益。同时，多元的文化价值本身就是一种事实，只是在时空压缩过程中加速了之间的碰撞，而更易于被人意识到。

（3）异托邦：福柯（Michel Foucault）所提出异托邦（Heterotopia）的空间概念，显示了其结构主义立场，即"场地"是由许多点或元素的相邻关系加以说明的，这些关系表现为并列、冲突、包含，等等。这一概念包括：世界文化的多元共存构成异托邦；异托邦连接无关事实与空间；时间碎片在异质拼贴作用下成为"异托时"；其间相互渗透，等等。

同时可以发现，差异与多元的哲学思维，很大部分都与时间性相关。例如伯格森的"感知-运动""绵延"模式，区别了空间时间和心理时间的区别；德里达对伯格森概念的引用，利用绵延的概念批判了结构主义，它描述了一种互相交叠形成的整体，而不是抽离其中的独立部分；德勒兹的"时间电影"及"时空同在"的视角也受其思想影响。伯格森对两种"多"的区分在于一种表现为空间，即现实的、混合并置的、数量差异和程度差异的"多"，另一种为内在的、连续的、潜在的"多"，而非数量的多。德勒兹的差异理论受伯格森影响颇深。德勒兹的差异则来源于后一种的多，差异属性来源于时间，是相继出现的元素或瞬间的重复，同时共存且具有纵深。

伯格森将运动归于时间性的生成，物质产生于瞬间且为动态过程，其中若干绵延使记忆力将各时间凝合，形成过程性的知觉，积淀过去经验。"纯粹的绵延是一种互相渗透的质的多样性，一种无外在性的延续，一种有机的进展，一种纯粹的异质性，不断延续又不断产生差异，每一瞬间相异于之前，而又维持自身"。绵延不同于时间，不只包含"量"的多样性，还包括质的多样性。这些时间观念的探索，被认为深度影响了立体主义以及未来主义，上文所述塞尚、毕加索、詹姆斯·乔伊斯、波丘尼的作品都通过表征差异与时间性，引发了丰富的主体观想。同样，延异（Différance）是德里达创造的术语，体现着解构主义的立场，包含了时间上的意义以及空间差异，是动态的、生成的，形成了差异以及各要素相互结合的间隔性系统活动。

（4）1995年，尼古拉斯·鲍里奥德（Nicolas Bourriaud）所提出的关系美学，是对从形式自主到意义经验的演化式的深入思考，试图提出解决社会问题的方案。它的提出揭示了主体本身的客体化，而并不是关乎通常所强调的"交流"或"互动"，也不是种族、民族之间的文化差异，是排除主体概念后的人和人之间的接触和相遇（encounter）的主体间性。其中提出的"会面"状态，指示了创造交流的条件。发明可能的会面，可以对形式与内容进行混合与融合，使形式成为同时或者交替铭刻在时间空间的能动性。这成为现代的技术环境与美学价值背景转换后的一种新的认识景观的意义，是一种自发性哲学，实现无理性主义的解放，以人类的交互关系和社会背景作为理论水平面。空间句法的研究基础也借用了"关联性（relationality）"的概念，其研究本质是关于研究点周边环境信息与其本身信息的相关性与互相暗示。伦敦大学巴特雷研究生院对空间句法的研究，基于运动中对空间"关联性"的认知，关注了如何引发基于可见部分对不可见部分进行推断的思维跳跃。

3.4 景观的时空关系与差异性表征

上述探讨总结了差异性本身作为一个重要话题，在20世纪下半叶的法国所进行的广泛探讨。在现象学的推动下，与此相关的20世纪哲学展现出了时代本质性，体现了后现代时期社会空间的独特特征，以及"多元""纷争"中产生特有的对空间与环境的审视方式。通过对差异、多元的不同哲学思想进行分析，可以发现以20世纪法国哲学为代表的、基于差异性理论的思想，不只是针对事物本原的思索，还将时间-空间与主体性之间关系，进行了不同程度与不同方向的探索与界定。通过差异性的思考基础，将特定的情境或事物归诸于独特的特征。莫拉莱斯认为德勒兹的理论是一种新的思考世界的视角，并开始成为时代的思想。情境主义国际对空间中的情景创造，关系美学的主体间互动，都将主体体验置入了这种时间空间的探讨中。

此外，胡塞尔的现象学、海德格尔的"筑居思"、本雅明与拱廊计划相关的论著、梅洛庞蒂的身体-环境关系，均显示了身体-时间-空间中的多重视野和复合观察。德勒兹的身体美学研究的感觉逻辑、梅洛庞蒂的身体-知觉理论，开启了关注主体与空间相互关系的大门，其知觉理论研究和之后的"无意识推理""格式塔心理学""发生认知论""感知-运动图式"，蒙太奇学派，等等，都通过模糊主客体的边界，使身体-空间产生连续性进而产生表意性，连续运动状态使人产生不断探索的意识。

结合透明性的相关论述，可以认为，当代设计需要更为关注环境与文化的差异要素等，使其与主体产生互动，如若这些差异呈现解蔽并共同显现，会产生身体-时间-空间的多重视野和复合观察，这一特征与透明性的普遍含义具有相通之处（图3-2）。

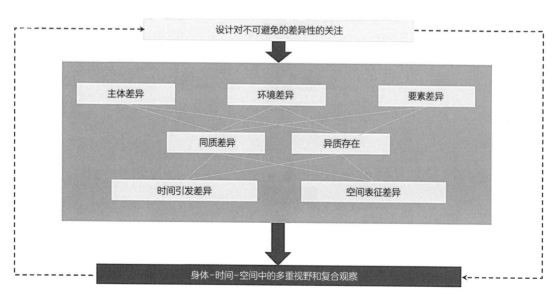

（图3-2）

图3-2 设计对差异的关注导向身体-时间-空间的多重视野与复合观察

这些时空意识的觉醒虽然首先作用于先锋艺术作品，而之后建筑与城市理论学家开始意识到物质实体的并置互不渗透，而意识的多样性则是彼此交融叠印的。设计行为通过选择呈现物质空间的要素，使主体体验过程中产生感知的交融。针对景观空间，这一思想帮助认识景观时空的本质以及相应的现实建构策略。在空间场所营造时，当需要使用一种将差异性要素同时显现，并使主体得以同时感知的设计方法时，需要对"压缩至同时显现"的时空特征，以及在其中发生的各类行为活动的结构进行关系的重建，其中的差异性可以以"一"或者"纯多"的状态呈现。而通过联系景观空间中的透明性逻辑，可以利用时空关系进行组织架构的安排，从压缩的视角着手，进行多方面的扩展与复合利用，形成情景与关系的传递。这种对于透明性空间特征的显现，不仅带来视觉上的可见性与可读性，还提示了深层次的特征，待主体参与并发掘，在此过程中，差异性（异质性）在不同维度的不同体现，承载了建构者、设计师的价值输出。不同于霍伊斯里提出的从水平界面入手的组织手法①，这种设计策略与途径更多立足于吉迪恩所坚持的四维空间价值基础之上（图3-3）。

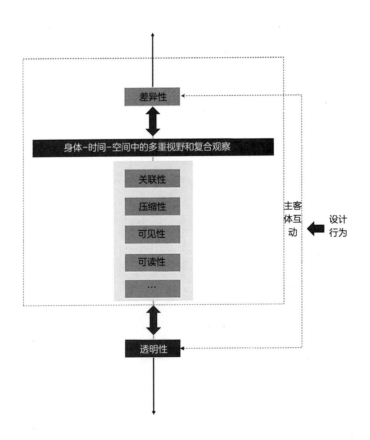

（图3-3）

景观透明性与基于差异显现的设计方法

图3-3　设计对差异的关注与透明性知觉的关联

　　　　尽管时空压缩的视角一度使人反思对信息的快速全面获取以及对空间的一览无余与无障碍的观察在日常体验中的负面作用，但不可否认，密斯的全面空间与日本建筑师的超平美学（super flat）等，引起平面化的表象中三维及之上空间意义的存在，也使我们快速感受到世界的丰富，隔阂与分离的关联。在此基础上，"透明性"不应只被理解为一种简单的几何光学上的视觉连续性，而是应提升到广义的、着眼于空间信息组织的理解层面。"透明性的关键不在于界面背后的多层次信息，而在于观察者确实生成了有关这些叠合信息的知觉，在观者的知觉中被验证"。这不同于破坏性的时空体验的分离结构，而是无数个瞬间视像叠加为同一画面，又同时全方位地展现事物的完整状态，引发观者感知的动态转换连接。尽管在早期现代主义中，人们不断寻找适应时代的相应的艺术表现，并且认识到了机器美学带来的危机，但时空压缩带来的文化价值转变的正面性，以及对即时性空间信息的接受与利用，仍是创造空间体验的重要方面且具有重要价值。

---

① Werner Oechslin在"Transparency: The Search for a Reliable Design Method in Accordance with the Principles of Modern Architecture."文中也提到这种空间组织手法。

图3-3　设计对差异的关注与透明性知觉的关联

第 3 章
透明性与当代景观设计价值取向的相关性

9 8 7 6 5 4

第 4 章

景观透明性的定义及其价值体系

在理清透明性产生的背景与不同观点后，本章通过对比研究，阐述景观空间区别于建筑空间与其他艺术形式的特征（主要区别于建筑空间特征），定义景观空间中的透明性及其价值体系。可以首先判断，景观场所中的透明性内涵超出了艺术家眼中艺术作品形式的自主与自足，从多种意义上呈现空间时间上的连贯意义结构。对于景观来说，这其中不仅包含空间体验的美学价值，也包含了社会与文化价值。通过建立景观语境下概念本质的完整表述，包括不同的时空信息的交织与层化，从而进一步探讨如何传达多样的、动态的认知与解读结果。

4.1 具有透明性的景观空间特征

4.1.1 提供浸入式的时空体验

不同的艺术形式强调了不同的"观看"与感知方式，例如主体与可诠释的艺术作品之间的封闭的指向、环境中的特定物体的被感知过程被环境信息不断影响、过程艺术中碎片与分散式的感知方式，景观的场所特征则不断形成扩展式的，主体浸入式的互动感知方式。虽然透明性最初是从造型空间出发而形成的一种理论探索，是视觉优先的观察方式，但这一视角建立了思维和视觉的互动关系。在前人的探讨中，罗的观点更多地强调界面与浅空间，在其核心观点中，这一特征作为透明性产生的一种必要条件，但同时这一条件也成为一种局限：需要固定视点观察。浅空间的瞬时视觉作用，与人身体的活动体验无关，因此易造成一种主体在创造实践和空间体验双双缺席的危机。

不同于建筑，景观更多针对空间"之中"的体验，阿尔多·罗西（Aldo Rossi）认为研究"踪迹"在城市中的存在是必不可少的。瓦尔特·本雅明（Walter Benjamin）所说的"漫游者（Flâneur）"，是在城市体验中，主观完成的碎片式的感知，通过对打散的可解释的界面之上的现象的理解，而形成体验的累积。景观中的观察正需要这样一种漫游的方式，不断对时空形成新的占有并形成持续的理解。尽管传统园林设计通过精巧的空间组织手法，可以在某些界面形成一些浅空间的叠合表达，但在当代景观中，高度的开放性使主体的使用与游历过程更具有可推导性，类似于罗与斯拉茨基核心观点之外的对国联大厦方案的分析，其中设想了观察者在其中行走时，对两套空间轴线体系产生的空间解读矛盾。景观空间营造中，浸入式的感知方式所提供的思维和视觉的互动关系更具有实际价值，主体在深度的游历与使用过程中，更易获得差异空间结构要素的共同作用。

4.1.2 提供延续性的时空体验

　　景观本身从自然、社会、文化的不同角度都具有自我生长与人为干预的过程意义。不同于建筑形式的相对稳定性，景观空间极易被调整与改变，场地本身承载了信息混杂与变动，与不同的主体产生互动而产生更多变化。从学科角度来说，"风景园林与人类文明变化密切相关，风景园林在哲学、文化、技术、使用者、实现机制、空间形态方面的持续变化，实践领域也在不断扩展，实践重心不断转移"。从人居环境的整体发展来说，现代工业革命后的城市模式更为开放，城市与乡村不断融合，反映出无边界景观的连续性。

　　从景观营造的场所与空间自身来说，基于场地短期与长期的自然变化与建构变化，景观设计的核心要素是揭示过程及利用过程，过程作为一种客观存在，其特征还不断启发形成空间组织的手段。在变化过程中，不断出现的空间复杂性与矛盾性，也不断增加了要素差异性和复合程度。不论是后工业状况为景观和城市带来的挑战，还是文化形式的不断杂交，景观场所中的信息叠加不断拓展着主体的认知，使人产生思考。可见与不可见的物质在不断的流动、循环和交换中，产生的新的时空连续体验，为景观空间的透明性提供了基础前提。因此，景观空间的透明性很大程度包含了基于场地变化的空间信息重叠中不断建立的新的连接。

4.1.3 无边界与水平性

　　詹姆斯·科纳（James Corner）的相关理论，提出了"流动的地形Terra fluxus"的概念，强调了地表上景观作为基础设施所带来的流动性与面向未来的更多可能性，多个系统与元素在多元交互的网络中运动与延续。全球化的社会现实促使了科纳对地表建筑、规划、景观协同作用的认识。当代景观强调地表在不同时间下的运行过程，关注过程与演替，使自身成为"一种活跃的交换媒介与一系列的操作方式，以适应多种过程、方案、有生命和无生命元素交换互惠的系统"，科纳还提出"水平性使各部分各事物之间联络、聚集和移动"。

　　这些认识重新强调景观在环境空间中的延伸能力与自由状态。功能形式上的高度流动性，社会文化与人的复杂关系，促生了景观都市主义后期对"面"的折叠、翻折、结合的研究，形成空间的紧缩与混用。无边界的延展特征使人更多地关注水平向的组织关系，不可避免的将景观空间的透明性引入从水平操作到深空间感知这一过程当中。米歇尔·高哈汝（Michel Corajoud）常提到的一种设计信念，就是通过利用场地周边环境的整治来实现场地本身的改善，不论这是否成为了一种设计的扩张主义，但它确实表明了场地的开放与无边界性、对外环境的引入与辐射，以及与整体环境的相互影响。因此，景观空间的透明性也包含了对周边环境肌理与要素的引入与借用。

4.1.4　公共功能的多维聚集

在集约发展与紧凑城市建设的背景下，空间整合与功能融合实现了公共领域的活力与多样，最大限度利用土地资源的思想，带来了公共空间功能的多维聚集。在人居环境尤其是城市环境中，通过综合的操作方法与学科交叉与综合，为城市生活搭建舞台，是当代景观对其公共性与社会属性的特别关注。

同时，景观在城市设计中不断呈现出积极作用，不仅仅关注物质形式的建立，很大程度上是通过设计建造满足公众与集体利益。当代景观已经充分深入到城市中的每一部分，除了本身承载着绿化、生态、休闲等功能，还与城市其他功能越来越紧密地嵌合在一起，如高线公园的复合功能中，呈现了景观本身的渗透、共生和包容性，与此相对应是多种物质结构系统与不同体系的重合，多种空间与要素的混合、空间的互相渗透，以及公共行为的交织。这一特征，使景观空间的透明性显现在作为多维功用载体的物质空间中。

4.1.5　场地信息的充分嵌入

对于环境中的设计场地来说，建筑设计过程在大多数情况下是一种置入（insertion）的过程，而景观在介入场地时基本为交叠（overlapping）的关系。当代景观设计将场地作为重要起点，倡导多元的审美立场，在场所文化价值与环境伦理的影响下，景观作为场所和环境，能够比观赏性的风景幕帐提供更真实的影响、建立更强的识别性。公共空间作为历史文化的再现，是对场地各种活动塑造基地特性的见证，这些痕迹与实践进程重合，触发更为丰富的潜在发展。场地信息的嵌入使景观成为抵抗环境同质化的手段，提供丰富的文化想象力。

在处理场地原有信息，并叠加新的景观物质基础过程中，景观作为多样性和多元化的代名词，成为容许差异存在和生长的综合体，使完全不同的事物不断建立新的关系。多重层次叠加导致了新的可能性的产生，而文化层面的多样性与文化交流本身产生了时空穿梭性（shuttling）。景观空间中的透明性，在场地物质基础与文化信息互相嵌入、在场地信息拆解与重构的过程中显现（图4-1）。

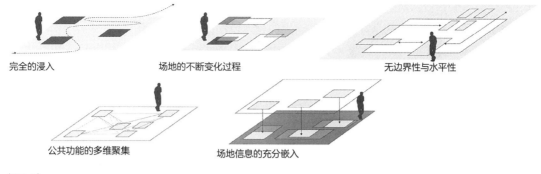

完全的浸入　　　　　　场地的不断变化过程　　　　　　　　无边界性与水平性

公共功能的多维聚集　　　场地信息的充分嵌入

（图4-1）

4.2　景观透明性释义

妹岛和世曾发表见解："透明性意味创造关系，而不代表需要视线的通透"。创造关系作为透明性形成的来源与本质，可以帮助我们从哲学的思考求索中认识世界的本原，并且在此基础上找寻改造世界的方法。在景观空间中，不同于建筑表皮与材料的极大话语影响，将透明性分为字面的与现象的并不具有很大实际意义。相反，有关透明性在现代主义背景下的论战中，反倒是显示出了概念本身的宽泛性和包容性。针对时代背景与学科特征，本节尝试通过对研究范畴的限定、内核特征的辨析，对景观空间的透明性进行定义，并辨析应用价值。

4.2.1　透明性的内核价值与景观透明性的定义

在多学科视野下，"透明性"是一种审视差异性共时显现、多样性叠加的空间视角。这一空间特征展现了它的几个内核价值。

（1）在建筑解读分析中，强调了透明性与"视知觉""格式塔心理学"的关联，以及利用身体的介入而形成主客体的互动。立体主义与伯格森哲学的密切联系、"身体性的感知"、直觉主义的认识方式在现象学的范畴下，强调主体参与空间建构以及动态性和时间性的重要作用。现象学作为格式塔心理学的主要哲学基础，强调意识经验与心理学的结合，梅洛-庞蒂从伯格森观点中汲取的精神养分，体现在空间认识的主体转向。同时，在浅空间或是深空间的结构要素与组成方式的分析过程中，又使用了结构主义的解读方法，强调对事物认识的整体性、客体

图4-1　景观空间透明性的特有呈现方式

第 4 章
景观透明性的定义及其价值体系

性，内在结构的静态式研究，层化、结构、解构、多义、双关的认识方法，体现了源于结构主义的基本思想。透明性的呈现过程在不同的认识与分析状态中，使人们产生了在动态与静态之间、主客体两极之间进行思考的不断往复与摇摆，形成多维的认知方法。

（2）不论是对内外边界的模糊，或是结构的呈现，透明性本身指向了事物不同层面、部分之间的解蔽状态，使主体通过反复阅读实现对深层结构的思索，而形成整体的洞察。不论是层化空间、界面或是结构的呈现，透明性引发了视觉主导或是身体介入的空间整体洞察过程，从不同空间视角或者空间"结构"呈现自身的不同方式，提供了多重信息与空间要素的压缩式全览。在一种全面的没有隐藏的整体结构中，又同时呈现出差异之间的模糊暧昧的组织关系。不论是"视知觉建构的全景式的空间图像，还是主体置入并穿行其中而得的整体关系与蒙太奇般剪辑的感知经验"，都扩展了主体的认知方式与范围，产生了使主体不断阅读的推动力。

（3）分层信息价值的同时承认与整体增值性：层化的结构特征首先承认了空间系统的异质性。在前文对差异性的论述中，针对"一"的差异与实在的"多"，分别形成同质异构、同质同构的差异性，以及异质异构的差异性（而格式塔心理学所描述的更多的是异质同构的视觉现象）。针对这些差异与多元，透明性被获取信息的方式不是"厚此薄彼"或者"非此即彼"，而是在反复阅读中不断形成认知状态的波动。不同于"融合"与"混合"中对共性的提取与结合，透明性突出了多元性以及多元之间的并置关系，强调了单层的价值与可见性。它增加了不同空间系统与层次之间的互动，甚至共享部分空间信息，因此具有增值性。

事实上，最早在景观语境中引用透明性的概念，是Meyer在"景观的拓展领域"一文中，使用詹姆斯·罗斯（James Rose）的设计作品，分析了"连续空间（continuum）"这一概念，认为其作品中充满了重叠与模糊的体验特征，但设计师使用的手法主要是利用了种植树木的层叠的通透的属性，通过物质上的半透明性，而使空间体验上呈现了强烈的结构属性、质感、连续性质，充分表现了景观中时间空间特征（图4-2）。梅尔对罗的理论的引用，仍强调现代主义话语结构中的景观空间特征，例如罗斯所创造的由树木形成的多层、通透的模型，呈现出植物的半透明特征，她还类比了这一景观构成与加博的雕塑的相似性。这一认识，并没有深入到更为异质的结构层面，仅从空间感知上进行了说明，起到了拓展设计手法本身的作用。

相较于建筑，景观空间还包括了地质、水文、生物等更为丰富的物

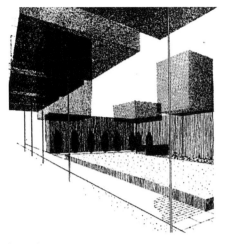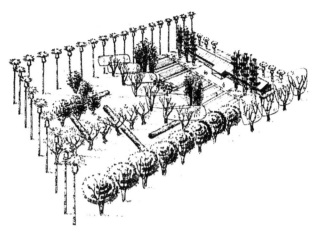

（图4-2）

质要素构成，内外空间中也存在更多的复杂性。景观中的透明性发展可以从空间"释意"的理论开始，帮助理解特定的空间情形，将空间分析的过程本身作为一种创造性的行为（图4-3、表4-1）。并且，"透明性"的概念引导了一种社会批评式观点，可引发对实践价值的思考。但对建筑中的"透明性"尤其是柯林罗与斯拉茨基所定义的透明性的直接移植（不论是浅空间还是《透明性Ⅱ》中直接使用的视觉界面），将大大固化与限制了这一视角的核心价值，且易脱离时代意义。这一概念的生命力主要表现在概念本身的可解读范围宽泛与不确定，及其形式与意义的双重性。

综上，本书将景观空间的透明性定义如下：

景观空间中的差异性要素被解蔽，并以某种关系共存。认知主体在其中的景观时空架构关系的引导下，经由视觉与身体介入形成主客体互动，产生一种多元、深层的洞察。引发这一知觉现象的景观空间具有景观语境中的"透明性"。

与此相关的是，基于对异质事物的差异性、同质事物的差异性部分的同时显现与交叠组织，从主客体多维认知方式入手的景观空间设计方法。它强调了可见的单层空间特性与价值，形成事物间的开放性关联与意义互文。

图4-4通过概念分类图解来定位景观空间透明性理论体系的位置。整体来说，可以将透明性的关注重点分为两大类，光与视线引发的视觉

图4-2 现代主义时期罗斯和埃克博的花园空间设计概念
（图片来源：Meyer，1997）

第4章
景观透明性的定义及其价值体系

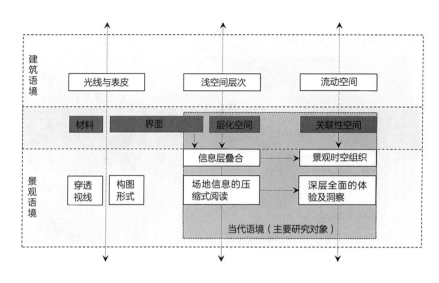

（图4-3）

体验（vision & light），以及时空结构关系形成的对空间不同部分的解蔽
状态，进一步包括了：层化空间（浅空间）、界面、结构系统的差异性呈
现。而作为当代景观中一种逐渐引起重视的"解蔽差异"的设计价值，
其中通过多样的文化表意与场地信息，填充了具体的时空架构。

结合表4-1辨析了透明性在建筑与景观语境下的概念区别。

表 4-1   建筑与景观空间中"透明性"的特征对比

语境	建筑	景观
与环境的关系	置入，或有肌理的控制作用	连续，无边界与水平性
与场地本身关系	无关或利用场地信息（变化周期长）	与场地信息重叠，不断适应变化（变化周期短）
文化与社会行为	公共性程度不同，由表皮发挥作用，之后扩展到城市设计范畴	适应性、包容性强，具有整合、调和复杂空间的工具本质，更为有效地调和组织破碎空间
可见到可读	建筑形式创造新的经验	触引、承载经验、意义和价值的新形态
场域	体现在建筑某一功能引发的，以及与环境的空间关系	本身与人的生活、体验、经验相关，植根在部分经验、历史和文化记忆，具有多维功能聚集
差异性表征	多为同质差异	同质差异与异质差异并存
身体与时空关系	浅空间：压缩； 关联性空间：压缩与拉伸	浅空间：压缩； 关联性空间：压缩与拉伸；场地本身的变化形成直接影响

4.2.2　景观透明性的时空关系本质

透明性的感知状态来源一种压缩式的时空本质（不论是否与材料有关），从而引起一种视觉与理解力上的双重时间延滞，即主体在感知认知过程中不断形成的分辨与思考。结构关系的完整呈现，得益于压缩的特征与内外的消解，在景观中则进一步体现为深层结构的可感知性。所有这些"延滞"，来源于观者与对象之间由距离设定所引发的张力，以及穿透、重组与再构物质要素所遭遇的困难。

具体来说，在一定的景观营造与空间组织中，主体不断对空间形成占有与运动，对感知界面和阈限界面（转折处）中共时显现的差异信息进行瞬时同时的感知，并形成耗时的反复阅读与选择性认知。在运动中，感知界面的累积以及身体性的参与，形成对景观结构整体的认知，并在行为与互动中进一步通过对实体的、可见的信息进行粘聚，建立有形和无形元素之间的关联，进而导向不可见关联方的异质性（图4-4）。

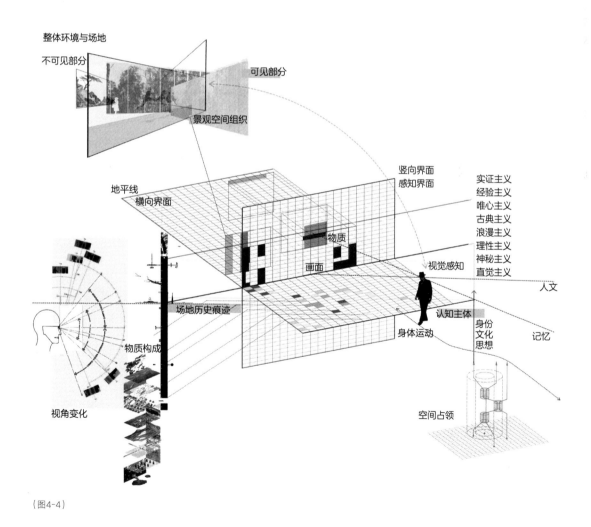

（图4-4）

图4-3　本书对景观透明性的研究范畴定位
图4-4　作为透明性载体的景观时空架构

不论是中国书画的时空观，或是立体主义反叛性的时空观，均为再现于纸面的，具有压缩性质的，心理时间、再现时间与物理时间三者之间的博弈。基于景观本身实际空间深度与高度的视觉复杂性，景观的时空架构仍可以针对外部时间、意义时间与心理时间的互动、延时与超链接，通过视觉形式的营造直接呈现于观者，它不强调先验的模式，而是随着时间而不断形成、叠加、改变的感知、使用和参与。景观的透明性呈现，不是只关注视觉与布景而压制了触觉性、易变性、时间性、生活性，还关注了未来活动的潜在多样性及城市动态性。透明性蕴含的认识论核心，是通过舍弃完整与永恒，强调时间演变中不断产生的变化，将碎片性、瞬时性与阶段性进行组织，对抗无时间性、混杂性与无意义性。

4.2.3 时空架构中的差异性要素界定

前文所述当代景观对差异性的解蔽转向，也需作进一步解释与界定。约翰·拉吉曼（John Rajchman）认为多样性并不是只保留碎片而失去整体，而是在整体中预留分歧与发展的可能和潜能，这体现了"聚集差异（不同）"与"和"的对抗，与文丘里的"两者兼顾"相似。上文所提出的时空架构，是基于景观空间中的差异性显现而存在的。这些异质与差异的部分，可以分别表现为空间中的同质异构，异质异构、异质同构的不同层面，并呈现为物质形态。同时，这一差异性更多体现在"物-场""意向"等依赖主体互动参与而存在的结构与要素，而不过多地探讨场地中与客体系统相关的市政、生态、工程等方面。

这种差异、异质与多元可以呈现为景观中针对文化、历史、价值、功用与不同空间层次的要素与结构、人造物和自然物。显示在异质（heterogeneity）、多样（diversity）、差异（difference）、多元（pluralism）各层面。在此基础上的"透明性"研究，意义更宽泛且深远。需要说明的是，这些差异性只针对具有可类比性的要素集合，例如不同民族文化、不同历史文化的物质载体要素与结构组织。同时，本研究并不是完全将呈现差异作为结构中心性、统一性和完整性的反面，而是尝试联系不同价值观、形式结构，以其可见可读的状态形成一种同样具有价值的景观场所。

4.3 景观空间三元关系的价值支持

不同学者从三元关系的角度对空间的本质与价值进行过论述。通过定义、论述景观空间的三元关系，有助于确立透明性的空间价值。

亨利·列斐伏尔（Henri Lefebvre）针对空间生产的三元论从感知（perceived）、构想认知（conceived）、生活（lived）三个角度论述了空间的三层属性，物质空间是被感知的空间，精神空间是被构想的空间，社会空间则是生活的空间；受福柯、列斐伏尔的影响，地理学家爱德华·索亚则认为空间不是盒子，而是文化构筑的实体与脉络，并进一步提出感知空间、构想空间和生存空间；约翰·迪克森·亨特（John Dixon Hunt）针对景观场所提出了场地（site）、景象（sight）、认知（insight）三个层次，论述了景观视野中设计师针对场地的处理、认知主体的观看与感想的过程。刘滨谊也曾提出风景园林基于存在、意义、追求上的三元论，并认为"意义"层面可分为"环境资源元""感受活动元"与"空间形态元"；成玉宁提出当代景观开始关注主体印象与感知，关注个体心理与群体行为；诺尔（Nohl, Werner）提出了景观美学的感知层、表现层、表征层、符号层，同时，哈格里夫斯、埃森曼提出景观实践中的表述性（performative）与表象性（representational），包含了三元目的：场地的特征在设计中的显现、基于场地特质的设计实践在当代城市与景观中的含义、对场地的生成潜力（generative capacity）的呈现，其中景观的表象性内容不停发生变化。苏珊·赫林顿（Susan Herrington）描述身体的参与，物质空间对主体的影响包括了意识中的想象力作用，不仅解释了当下的意义表述，还引导对不可见事物的联想。这些类似的分类视角阐述了一种较为普遍的空间认知方式。

基于以上学者的观点，可以判定景观空间的价值能从主体的感知（物质建构–想象层面）、体验（意义建构–动知觉层面）、生活（功用建构–情感层面）这三方面来组织。为了联系透明性在空间中的正向价值，理清较为明确的学科语境特征以及确定的概念和话语体系，下文通过三个层面论述透明性，主要关注了人与场所之间的联系与互动，从而分辨出基于新的空间美学价值、文化价值、社会价值的相关特征，并关注基于差异显现的建构方式（图4-5）。

（图4-5）

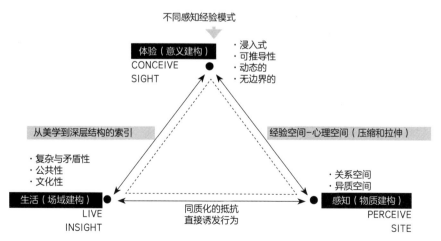

图4-5　景观空间三元关系作为透明性的载体

4.3.1 物质：差异显现的物质架构

尽管目前的设计实践更为关注设计中非物质形态的意义，但不可否认设计在落地时的形式驱动作用。景观的形式架构作为身体感知与体验的审美对象，由图像感觉直接作用于主体。透明性本身是一种视觉优先的感知结果，对于罗与斯拉茨基来说，对建筑正面性的观察所显示出的浅空间中组织了不同信息层次，在反复阅读过程中，对"完整性"的窥探欲望促使人们反复阅读，并显示出多种感知可能，甚至产生与深空间现实的证伪过程，从而产生了视觉愉悦。这种对空间的感知过程本身，对空间进行了分析性的解构与重构。

与纯艺术不同，景观空间建构中体现了对与日常生活相关的差异性要素的同时组织与包容。罗伯特·欧文（Robert Irwin）认为纯艺术具有自主性，与社会功用并不直接联系，但在景观设计中，"这些视觉冲击拓展了看待世界的方式，这才体现出了作品本身的意图，（不同的要素）使其他要素的存在更有意义""创作的最终目标是形成自成一体的感知体验：时间或者空间仿佛混合进入你所存在的连贯维度之中"。

透明性在物质空间架构的价值体现在：现实语境中，景观空间对复杂的空间组织、事物之间关系本身的可视化，使主体对场地有着完整的介入式的认知；"边界共享"的视觉特征、界限模糊的景观要素交织关系显示出审美价值与视觉张力；对场地整体性的压缩式洞察使人产生感知的收获，观者对世界的想象从纯粹视觉印象中进化；差异性要素同时展现对空间的活力起到增值作用，而非抑制；碎片式的空间要素可以得到完型，而不是丢失信息。

4.3.2 意义：差异累加的体验

景观依赖于主观的集合形态。学者们对现代主义的批判包含：将景观看做一个物体的狭隘方式，忽视了将客体从对复杂现实的参与中分离出来，而带来的意识形态以及审美方面的后果。不同于理性的监督、计划与控制，人们对于景观产生的更多是一种参与模式的意义体验。凯瑟琳·摩尔（Kathryn Moore）多次申明感觉就是智识（Perception is intelligence），挑战了启蒙主义之后的科学观念；拉索斯强调运动的感知是一种觉醒；科纳认为符号与象征必须与经验联系，而无法直接由阅读图像产生。安妮·斯普林（Anne Spirn）认为景观是一种可以被阅读的文本，并且包含了多层的意义，在这个层面上，景观是一种句法的建构（syntactical construction），其本身具有文学性，例如法国圣米歇尔山（Mont Saint Michael）就由长时间历史和人为干预，被塑造成为特殊的具有启发的景观。这些视角不断印证着，景观不只与物质实体有关，通过多种途径实现的景观意义，可以综合成为更有力的引人深思的可读（legible）观点。

作为表意媒介，景观可以提供场所被赋予的意义，这种直接的身体经验不能被其他任何东西所替换。从莫里斯·梅洛-庞蒂（Maurice Merleau-Ponty）开启了关注主体与空间相互关系的大门，到克里斯蒂安·诺伯格-舒尔茨（Christian Norberg-Schulz）的场所理论，探讨了身体图式、经验模式，在外部空间异质、复杂的构建方式中所无法停止的解读过程。对比心理空间的连续、均质、抽象，物质空间中的行为可停顿、可逆转和持续，继而引发心理空间的压缩与拉伸。观者以空间有意义的知觉画面为线索，构建其意义，由此构成对场所的整体认知，以一种自发完成的蒙太奇方式得到意义的重建。美学经验由于时间的持续作用而呈现延迟，发生于主体感知结果与其知识经验的交换过程。米歇尔·柯南（Michel Conan）曾发问，如若两个单独的景观画面具有分别的、显性的意义，那么其间的状态和情感诱发是否存在。其答案是我们在不断地运动状态之中感知世界，两处景观视觉之间的中间状态，也是我们感知体验重要的一环。

景观中的透明性本身是以世界复杂性为前提的，事物之间以及构成事物要素之间可能以交叠状态出现，或者以片段形式出现，或者通过建立超序的空间连接，形成其间相互依存或者相互制约的关系。通过主体参与以及运动，进一步参与到空间差异性事物与要素的关系建立中，意味着相互联系和相互作用。观者通过整合瞬时的碎片形成综合的认知形象，利用时间画面的切片组织，不断形成认知，从而得到多元的交叠的意义。在多元的体验与意义传达中，透明性的价值表现为：关注与日常生活有关的复杂现实，发现其审美价值；通过美学经验中"预想（anticipation）"的驱动，使主体体验过程中的感知速度被加速或者放慢，体验空间的丰富度；通过关系空间的制造，在不连续碎片式的组织中，得到有意义的连续的解读；需要反复阅读的多层空间，形成了连续的认知选择，不断形成新的意义叠加。通过空间阅读，人的空间性起到重要反馈与重塑。

4.3.3 场域：多元的社会功用与文化价值

当代景观的复兴体现在对文化领域的重新认识与重视。景观通过参与社会运作甚至政治功能，将自身构建为文化载体并影响现有文化。通过包容、表达意念和影响思想的能力，景观得以在重塑世界中发挥作用。作为一种交换媒介，它在不同时期不同社会进行着自身的演变，在时间变化中产生新的再现目标并不断累积其再现范围。

世界本身愈发增多的杂交、多义和多元话语，以及种族、民族、文化、精神中的多样性，促使景观不断在其中作出适应，解决多元性本身带来的问题，同时作出整合。在这一改变过程中，不同的主体可以在空间中建立复杂矛盾的感官认知与意义，产生一系列多样的阅读与广泛的理解。另一方面，"过去的存在提供了完成和永存的意义，以抵抗当代生活的快节奏"。重拾的时间、土地的"痕迹"与"文化现象"，成为对空间压缩负面效应的一种抵抗，景观通过深层次的结构，承载文化上的协和作用。"指月之指"所显现的"感知跨越空间"的能力，从现象学来说，其认知已经对"目的地"进行占据和思考。同时，各种行为经验与生活空间塑造了景观空间更为复杂的局面，不得不使用杂糅的方法，进行"对历史的追忆和收集，对新条件的准备与表现，对秩序与相关结构的建立"。

景观含义中"深刻而亲密"的关系模式，存在于居住、行为活动与空间时间的组织安排中，影响着社会的基本构成形态。从浅层的意义表征与行为互动，可使人感知更深层的存在意义，在物质构建、意义构建之外，形成一个深层结构的索引。

可以理解为，主体多样性与场地多样性，使社会、历史、文化在景观空间的外在表征中不断缠绕。在多元的文化价值、社会价值中，透明性的价值表现为：区别于只被强化共有价值与主流文化的景观空间，多元的价值被尊重与重新阐述，被主体直接获取；针对主体多样性，满足针对不同感知主体的精神需求；在不同的文化形态与社会功用的空间形态被交叠并存时，触引经验、意义和价值的新形态出现；景观场地的开拓，新的社会功能的开发，显示出多元的交互行为与丰富的交互形态，并且在有限的资源中显示出更高的活力。这一视角批判了导致原有生活实践消亡的空间改造，同时也批判了新的文化消费空间。

4.4　景观透明性的应用价值

4.4.1　承认单层空间结构的价值

克里斯托弗·亚历山大（Christopher Alexander）提出，城市不是一棵树，批判了现代主义中以功能为主要出发点的人工型城市，认为城市不能用树状结构描述，而应使用一种半格的结构，呈现有机、多元、层层叠置。透明性在三维空间的呈现，同样解释了差异性结构的平等性，即不需要主次等级之分，通过叠加与重构的秩序，创造出新奇的景观。这种关系本身是对树状结构的强控制力的反叛，承认单层价值并同时体现在空间结构组织的渗透关系中。

"透明性"是对树状的、单层的、稳定的结构的反叛，是对单层结构的自主价值与之间联系的承认，因此提供了一种看待世界的不同方式，而非固定形式上的模板。单层价值的意义呈现，使多元多层之间可以共生并产生更多链接，包容和孕育多样性，呈现更密集、更精细，甚至非线性的结构。"差异的聚集"之间互相联系与渗透，使认知主体对若干单层系统的同时感知得以形成。

4.4.2　战术与战略的互相反馈

透明性的应用价值还指向了设计过程中的拼贴性思维：自下而上的过程性思维方式。立体主义绘画与拼贴本身具有亲缘性与相融性，霍斯利在教学过程中也从个人角度实施拼贴作品的实践，探讨着不同价值观导向的拼贴性思维。具体到城市空间、建筑空间、景观空间，透明性的价值更容易从空间生长变化中体现。克洛德·列维-斯特劳斯（Claude Lévi-Strauss）所提到的"运用拼贴术的匠人与运用科学方式的工程师有所不同：匠人的修补之术是通过手边现成之物去操作，其结果呈现多元性与共识性"。综合立体主义中拼贴的手法就是开始利用手边之物进行创作，即一种"战术（tactics）"的处理，对比"战略（strategy）"的方式，它是使用已有之物来结合新的处理表达新的或者综合的含义，"手边之物"本身便是一种已存在意义的解构与加工。

这一拼贴的思维特征，不完全等同于拼贴艺术作品。这一应用思维除了关注自下而上的建构方式，更重要的是关注如何不断形成对整体结构的思考与重建。同时，景观时间很大程度包含了改善与修复的行为，以及隐喻和再现的艺术性。景观区别于其他再现方式，它通过自身这一媒介进行操作，其结构的编码方式体现在这一操作过程之中。因此，战术的、关注结构性的拼贴会体现时间的层化、历史的意义、集体记忆的实验，通过建构环境提供文化的存在根源，持续叠加新的意义，并保持对未来的开放性（图4-6）。

4.4.3　创造关联性空间

透明性的概念中，指涉了空间中的关联性（relational space），并包含了两个层面：一个层面是事物之间的关联，每一层次通过彼此之间的证明而存在，利用关系取代了实体观念；另一种是吉迪恩在探讨现代性的时空观念时的主客关联性。这种对主客关系与时空关系的认识也由来已久，莱布尼兹所提出的空间、时间与心理过程所构成的"关系性"（relationality），以及在其影响下，哈维提出空间内在于过程中，理解空间中的事物，在于理解其周围发生的事情和周围事物与它的关系。

　　与容器式的空间不同，空间的关系与人的"在场"，强调观察者与事件，而这本身符合景观空间的特征。景观作为一个较大的环境概念，无法受控于单一的力量，这说明关联结构体系的形式不可能完全从形式出发，而是通过磋商、调和的工具性，连接起多元景观要素的关系。冯路对半透明性的探讨中，强调了制造这一空间关系的重要性、"在场"的重要性、使景观与建筑以非"对象"特征推动主体参与空间的重要性（图4-6）。

4.4.4　多元与差异的共存

　　透明性最初产生于对空间感知的丰富性、多义性，但是其内核建立在一种开放、多元且显性的空间表达方式之上，它的获得需要主体与客体的同时存在，主体感知具有波动性，并且依据个人经验可能有不同的感知结果。沃尔夫林认为特定的形式语言总是与特定的时代、民族、艺术家个体审美理想一致，指出空间呈现与情绪领域之间的相关性。

　　现代主义经由西方扩展，而后现代主义与时空压缩则是一个全球性的现象，由此引发更多学者去探讨多元论（pluralism）与多元文化主义（multiculturalism）。多元论者的看法是，不同文化之间不能相互比较，也不被单一准则所判定，多元文化主义认可不同文化背景产生的不同的认知和建构世界的方式，主张将这些方式混合杂糅产生一个新系统。这与"透明性"的概念内核一致，即基于不同经验与背景的主体会对透明性空间有着不确定的、波动的、基于自身的体验与感受。

　　对景观的理解首先是"文化性、历时性和地域性的，任何对景观的严肃讨论都不能忽视这些因素"。景观空间中的"透明性"可以通过多元的表层形式，指向多元的深层次意义特征。类似"乡土与现代"的这类看似矛盾的问题，可以运用多元并存的视角来进行思考，在更为广泛的城乡背景之中，非主流文化与主流文化、在发展中处于劣势的场地特质都可以在空间安排中得以显现。凯瑟琳·摩尔（Kathryn Moore）认为理性主义范式使设计过程的思辨性降低，这样的结果就是景观从一个"高度综合，具有象征意义，以及强大的经济和文化来源变成了对

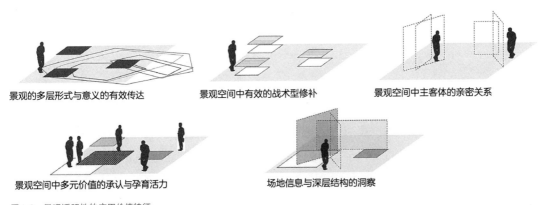

景观的多层形式与意义的有效传达　　　景观空间中有效的战术型修补　　　　景观空间中主客体的亲密关系

景观空间中多元价值的承认与孕育活力　　　　场地信息与深层结构的洞察

图4-6　景观透明性的应用价值特征

自身苍白的模仿""我们个人的哲学观念影响了我们在世界中的观察与行为，这种对世界的不同定义，使人产生对感知不同的理解"。感知本身作为一种智识，又反过来进一步作用于空间的形成。正是这种多元性、多样性的并置关系带来了活力与生命力（图4-6）。

4.4.5 场地深层结构的"解蔽"

透视法"目有所极故所见不周""透明性"作为空间的属性主张还真理以本来面目，使事物的全部方面得以呈现。由于人对事物的观察是多方位的、连续的，所得的印象也应该是全面的和整体的，立体主义艺术家则需要表达出这种动态的空间感受。通过将抽象和错乱纷杂的形态重叠错置，以此来解释生存的真实状态。综合立体主义时期，具象事物本身和抽象结构被综合起来，同样以视觉途径去唤醒一种认识世界的新的方式，启发了对空间性新的认识和构筑的新可能。

呈现透明性的空间为多元差异要素的组织提供了时空架构基础，从而引导主体更深层次的洞察，建立主客体之间的密切联系，抵抗了表面的、松散的视觉要素堆积所产生的负面效应。这些特征可以指向建构景观的形式重要性，其中的视觉多样性引发主体对于视觉媒介和空间叙事方面的探索。透明性的存在有赖于有形元素的可见性，而正因为对无形要素的认知觉醒，使我们更加关注"可见"与"可读"的承接关系，以及"可读"对场地意义显现的重要性。通过视觉可读性，并维护"再现"关系的坚实存在，引发对无形意义、社会实践、人类活动的再现。

透明性还指向对空间整体结构的显示，在景观语境中，通过对场所结构的多维、共时的显现，使主体捕捉到场地作为时空延续体、新的逻辑组合整体的形象，以及并置获得的新的秩序和意义，在这一过程中，通过同时感知与洞察两个或更多关系系统具有的多义性，场所中的多维关系得到解蔽（revealing）。通过主体自身的努力发现，探索场地深层结构，架起视觉性显现与事物、空间真实性显现的桥梁（图4-6）。

9 8 7 6 5

第5章

透明性在景观空间中的载体层次

V

5.1 时空图解

本书尝试关联案例与相应的图解分析方式，例如谱记（notation）系统有利于表达不同层次信息与主体经验。科纳曾利用图解中"表征-生成"的双向过程，对美国版图中的不同景观进行再现与解读。图解展现了个人化的关注重点，它不是对视觉存档，而是形成与社会场同延的再现关系；米歇尔（W J Mitchell）认为图像本身与成像活动之间具有区别，这一种再生产的力量可以有效"揭示、生产和表达现实"；马克·弗朗斯凯瑞（Marco Frascari）认为构成图像的三个重要关系为：（1）建造物和它映射的图像之间的关系，（2）建造物和主体意识中的媒介图像的关系，（3）工具的图像和记忆中符号化图像的关系；科纳曾提出地图术的四个方法：漂移（drift）、层叠（layering）、游戏板（game-board）、根茎（rhizome）。在景观语境中，图解与设计技术一直尝试新的路径再现与表述适应当代社会动态、混杂的时空特征，通过图解过程对复合体进行多层独立信息的拆析与重构，再现了透明性呈现的时空构成。

下文首先针对界面、空间、时空体等载体层次，借用语言学与图解的再现表述方式，从描述视角、元素与层次来解析具体空间要素的呈现关系。例如屈米的标记（notation），哈普林的谱记（motation），科纳的拼贴，埃森曼的图解生成方式与层化系统表达。很多图解本身已具有二维界面属性，结合景观要素与时空关系，可以更为直接的揭示场地关系以产生意义，为之后的空间解读提供基本范式。上文提到的透明性中的"厚性""共享边界""层化""隐藏的根部分"，可以利用解构重构的方式判断其层叠关系，包括差异要素的具体指代，以及空间架构关系。结合透明性的三元关系，本研究尝试使用一种记录事件与运动、再现组织关系的时空再现方法，图解透明性的具体呈现特征。

5.2 界面层次

从具有透明性特征的景观时空架构模型来说，"透明性"直接显现在横向与竖向界面的基本单位中。在两个不同维度，竖向界面作为切片构成横向序列，横向界面直接反应场地历史的沉淀层次或是新的并置组合。空间界面与切片作为体验的基础单元面，反映观者在认知过程中的心理体验变化。从当代美学理论角度来说，垂直切割形成绘画再现关系（认知视角），水平切割体现了设计师视角下的构成关系（设计视角）。风景园林与绘画的旧有关系是将景观当作建筑背景，形成垂直方向的景观画面，在设计师意识与分析意识的增强过程中，景观转向了对营造场所水平向延伸的关注。这一思想在当代更为明显，亚历克斯·沃尔（Alex Wall）认为景观在水平向的、部分之间的连续极为重要，科纳将这种方式描述做出更为抽象化的解释，即对象在场地中的定位以及之间的复杂关系。艾伦所提出的"场域（field）"等概念，从一定程度上也强调了景观的水平性特征与集合、动态的"关系"状态（而非"物体"）。透明性在界面上的呈现同浅空间与平面化（flatness）类似，不同之处在于，在大多数案例中的层化结构特征更具异质性，并且具有更为深入的表意状态。

5.2.1　横向界面与竖向界面

横向界面的透明性，与景观本身的水平延展性和设计师视角有关，包括了从视觉与意义的拼贴，到场地要素的嵌入、切割、重组和整合的设计过程，再到更大尺度的区域景观的行动计划。透明性加深了某一维度的视觉复杂性。立体主义从时空压缩的角度，再现了差异性的视角结果，形成"事物部分"之间的共存。无论是纽曼（Barnett Newman）提出通过运用抽象元素进行的画面安排（dispositif），或是雕塑家巴里·勒·瓦在其创作中强调随机的生成与"分布（distribution）"的观念，后极少主义（Post-Minimalism）重要创作原则中注重将控制转换为错综复杂的空间组织关系等观念，都从抽象到具体形式证明了形体之间的关系以及事物秩序的重要性，即梳理事物秩序形成"部分"之间的关联方式比"整体"的形式重要。

现代主义语境下，景观空间的水平界面与立体绘画有直接关联的就是古埃瑞克安（Gabriel Guevrekian）1925年设计建造的巴黎装饰艺术博览会（国际现代工艺美术展）中的"水与光之园"与1926年在德诺耶别墅设计的Noailles立体主义花园。设计师通过关注视觉平面与构图，形成的一种景观界面上的立体主义。这一呈现结果只适用于小尺度的景观塑造，且是一种将景观置于画框与橱窗之内的方式，通过不同景观材料元素，形成重构与镶嵌的图面特征，如若脱离这一尺度界定，会彻底失去观者认知的完备性。吉尔·克莱芒（Gilles Clément）在雪铁龙公园创造的结构要素的并置关系也被解读具有立体主义特征，他将序列花园与水槽独立进行围合，在一定规则中进行联系。这种并置关系并没有模糊"部分"之间的差异与区别，而是最大化地将其特征进行对比，由此强调了这种形式的张力以及形式之间的动态的交互。

在当代语境下，设计逐渐脱离了单纯的视觉性与构图特征，而更多关注意义、叙事与社会文化价值。位于丹麦奥尔堡的"Godsbanearealet货运列车区"，将废弃铁路改造成为城市绿地的重要景观元素，并参与构成场地地形，成为真实反应城市历史的在地要素，结合新的生态城市及新的绿地功能提升了整个区域的景观价值。同样的方式，德国Zollhallen广场通过将废旧的铁路轨道结合在铺装之中，建立了与场地之间的联系，将多功能的座椅、渗水的铺装与种植，和轨道结合起来。荷兰大使馆在意大利罗马图拉真市场，围绕古罗马遗迹所形成的景观，是在遗迹上制造的一个漂浮的金属容器与贯通的草坪（象征荷兰文化），设计通过开洞使遗迹露出并得到突显，同时将罗马与荷兰文化并置共存。

澳大利亚国家博物馆的庭院景观概念为澳大利亚梦公园，利用当地的不同文化要素，形成了一种拼贴的故事性。它的地面层使用了七巧板的拼贴思维，组合了建筑以及中间的景观要素，混合了澳大利亚不同时期与类型的历史文化要素，对澳大利亚的多元文化现实形成了意义表征。BIG、Topotek1、Superflex设计团队合作的超线性公园Superkilen是一个多样性交织的公共空间，实现了来自世界各地异域文化的混合，在水平面上不同的表面、颜色、植物并置，六十多个不同国家的代表性景观要素得以共同呈现。这一意义系统还与三个颜色的活动功能区域相互叠加并进行串联。

另一方面，城市高密度化弱化了原有的垂直标志，基础设施的水平面特征在水平延伸，与此相关的无器官身体、块茎、游牧思想，使景观成为后现代城市研究的新工具。垂直界面与主体感知直接相关，是格式塔式的、与历史身份相关的认知途径，可以成为景观情景中的一个单元。霍伊斯里认为建筑作品库鲁切特住宅（Masion Currutchet）就是柯布西耶在错层的处理中将分离的内庭院进行联系，由此产生了空间关系的多义性，尤其呈现在竖向联系中。

朱小地在"王府井街道口袋公园"项目中，将北京传统建筑中的砖墙作为图像提取的对象，翻转砖墙的构造特征、得到砖缝的负向形式，借此复原古老砖墙的存留印象。这一新置物与场地原有墙体形成观照，兼顾了当代性的观念表达。英国国家大剧院旁的临时场馆的红色体块，通过置入的形式产生多种界面的交叠，形成一种"橱窗""布景"式的新与旧、永久与临时的交叠界面。场所空间在视角变化中，形成的多重界面呈现出"舞台的"性质。文艺复兴时期的Szatmáry匈牙利宫殿遗迹已接近废墟的状态，作为Tetty公园重建的一部分，遗迹范围中设置了锈钢板的构筑物与城市家具，成为夏季剧院的舞台背景，承载公共互动。这一双重系统，呈现出更多竖向界面的透明。

同时，考虑主体运动中的垂直界面，除了古典园林中借由漏窗柱廊等组织方式呈现的空间层化的浅空间认知之外，还体现在主体行走与感知行为置入后的"帧"与"阈限"两种组成单元切面的解读，使主体感知从画框内延伸到了画框之外。青海原子城爱国主义教育基地纪念园，通过安排叙事结构，而在空间转换处呈现出"阈"的界面的双重性质，人在结构关系转换处，分别可以获得上一段信息存留与下一段信息的暗示。竖向界面中呈现出的透明性，主体参与性更强，人在亲身介入空间的过程中，产生"身体、空间、时间之间的组织与辩证关系"，引发感知、思想和行为的持续性。

5.2.2　感知方式与主客距离

在20世纪现代主义的影响之下，艺术家尝试将美学客体化，之后的后现代创作方式对现代主义的过度自信与理性设计手段做出反应，提出应由自我意识定义丰富性和复杂性，并关注多元价值和意义的来源。从后现代开始逐渐被学者探讨的景观意义，并不在于文本本身，而在于人与文本的交互关系。霍伊斯里和罗之后在《拼贴城市》所提出的"破碎（poché）"与"透明"的空间秩序整合，从平面入手对空间事物进行整合，尤其关注秩序的统一性，继而进行形式操控。但不可否认，横向界面的透明性在尺度变大的情况下很难被同时感知，造成主体客体直接关联度较低。但通过空间游历中的自我组织，主体仍可以感知到行进当中的空间秩序的矛盾与暧昧关系。

抛开折叠与倾斜界面的设计思维方式，竖向与横向界面呈现着主客体参与的两种不同方式，竖向界面与主体性直接相关，横向界面的水平性特征，尤其在较大尺度的景观空间，增加了直接阅读与反馈的难度，但提供着多种潜在关系引发的多种阅读方式，产生促使主体在行进中阅读的推动力，使其形成对场地更完整丰富的认识。通过水平与竖向组织中的层化与重叠，使呈现透明性的空间具有一种模糊感，差异的层次各自强化而不会彼此破坏，它调动人的感官与体验，使不同经历与意义交互，实现整体空间体验的增值（图5-1）。

5.2.3　图解：文本叠合

在《设计结合自然》中，伊恩·麦克哈格使用千层饼的模式，将场地分类信息进行叠加分析，成为场地信息的叠合和叠印。马里奥·甘德尔森纳斯（Mario Gandelsonas）在论著《城市文本》（*The Urban Text*）中采用了弗洛伊德式的自由观察，对城市系统进行分析，利用芝加哥平面的视觉转移，通过分层的过程，发现并分析了城市的不同系统之间，以及与城市河流、网格系统的关系。其中所使用的网格分割，以抽象化的形式探索了城市要素的关系，创造

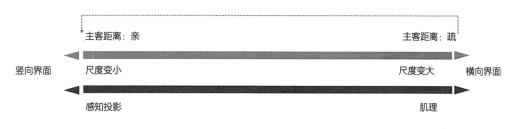

（图5-1）

图5-1　感知界面与主客亲疏关系

第 5 章
透明性在景观空间中的载体层次

了芝加哥城市的可阅读性与叙事性。景观也是如此，对一个场所的再次阅读同样是一次创造与再组织的过程，其平面特征可以被认为是一种生成图画和故事的机制。

屈米在拉维莱特公园设置了分层系统，库哈斯在拉维莱特未建成方案中也使用了叠加的方法展示方案中的结构关系，纵向上使用异质元素的拼贴，从一定程度激发了空间多元性与活力。库哈斯的方案制定了主要保护区域，其他区域被认为是"屈服于混乱（surrendered to chaos）"的"可能的"发展，其设计目的是创造空间程序的多样性及不确定性，以及尝试从空前的事件中发展一连串连锁反应，而不是预先设定一切。里伯斯金在"Micromegas"等图示中使用完全抽象的表达，试图探讨建筑的新维度，形成了均质化碎片式的几何形体，互相缠绕与联系。区别于制造层次间的叠加或迭代，埃森曼在其设计过程中，强调了同延的共存和横向分层，在叠合的语境中，层次之间互相震荡。层叠的图示方法被用来表达空间多层、多结构、多部分的相互叠印状态，并用来再现文本结构与具体物质形态的叠加。

5.3　空间层次

从空间角度来说，透明性的呈现主要在于主体的主动发觉过程以及与空间的互动关系。城市学家培根（Edmund N. Bacon）的同时运动诸系统（整体的城市空间中一系列运动系统的条件下体验者存在共时与连续的空间感受），表征人们对城市空间的解读是持续深入的，认为人在建筑环境中运动会形成连续不断的感触与印象。欧文·祖伯（Ervin Zube）认为人与景观有三个层次：人类创造，景观被动的接受改变；人类接受景观的视觉与情感影响；人与景观相互作用，阐释了人与景观的交互关系。

在大规模城市发展、对自然的远离和改变的城市生活方式的背景下，哈普林提出交往（engagement）和互动（interaction）原则，用以应对主体间与主客体之间的分离状况，例如西雅图高速公路公园，是哈普林贯彻与实验"体验等同物"这一理论概念的作品。设计环境提供了完全不同于视觉设计的感受方式，将促进"共创性（collective creativity）"的关注与兴趣延伸到了公众自身。在这一过程中，揭示了人对景观空间的认知与行为参与了空间本身的形成。

5.3.1 关联性空间

　　莫廷斯所论述的关联性空间，认为时空中的主客关系是透明性的基础，还将其关注引申到了关系美学。而关系美学中的"会面"关系，本质上强调了不同事物或者主体的碰撞与融合关系。景观空间中，观者在主客体的关联过程中，获得景观的意义。主客体边界的溶解，使人的主观意识参与到了空间感知的重构当中。由于空间透明性的组织，人在其中可以体验到不同层次的结构，可以产生对整体结构的推测性的认知，在感知图像的累积中，对空间产生全貌性、深层的、不断完备的体验。中国古典园林中游廊、院墙、景框本身的生成系统，形成的"障""隔""曲折""通透"，消解了"内外"边界，从而使内外同时展现，在时间空间的不断折叠与连接中，半隔半开，或隐或现，让人形成对周回曲折的空间的重新组织，形成层层交叠和穿梭往复（图5-2）。

　　在当代设计语境中，空间中的透明性也在主体认知过程中，消解着异质事物间的边界。荷兰埃因霍温的菲利普斯工厂旧址改造成为新的工作生活环境"Strijp S"，其中，旧有建筑的管道网络形成了场地结构特征与原有空间特性的基础。设计的出发点就是保留原有工业氛围，关注现有的建筑结构，并植入新的生活元素。改造中将新的钢结构涂成灰蓝色，与原有管道系统相交错，人们可以在其中穿行，廊架之中和上方设计了屋顶花园种植池、观景台、步梯，通过楼梯可以通向建筑内部，与现有建筑相沟通，使人不断地产生与不同景观结构系统的感知关联。

　　加拿大的常青山谷砖瓦厂公园（Evergreen/Brick Works）将曾经的砖瓦厂改造成为一个公园与社区活动中心，通过景观的介入引入新的功能比如农贸杂货市场、展览画廊、农业种植空间、季节性的溜冰场、提供了解场所历史与地质变更信息的项目。当年砖厂中的建筑被保留，

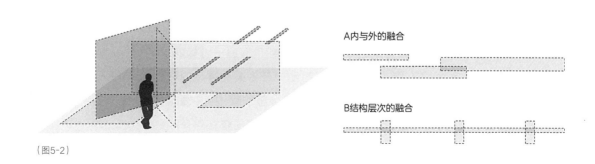

（图5-2）

A内与外的融合

B结构层次的融合

图5-2　关联性空间产生的透明性示意

并与叠加的新景观系统沟通，将外围景观包括湿地、森林引入场地，融入了多种行为和生活的痕迹。

在不同层次的空间相互叠合的过程，通过主体在多个空间关系中的同时认知，而产生一种认知的模糊与不确定性，多层系统既独立又相互渗透，脱离了界面的束缚，在交叠之间的共有区域不断生成一种波动与震荡的状态。这有赖于主体对这种相互介入关系的持续发现，理解得以叠加形成同时认知并发现深层含义。

5.3.2 动知觉与阈限

丹·凯利曾关注探讨了空间连接（connectivity）与转换（transitions）的整合性的作用，认为空间转接处至关重要。"阈限（threshold）"以及"转换"的空间，包含了主体已经产生和预知发生的感知的层叠。例如路易斯·巴拉甘（Luis Barragan）的设计中对垂直界面、转换过渡、并置交接的多样物质材料的关注；哈普林对罗斯福纪念公园的设计，利用历史事件的逻辑主线形成一种序列阅读，通过对纪念性事件进行转换和拼贴，并赋予转换处景观以双重属性，使身体移动并产生移情的过程中，对序列的经验进行积累和迁移。随着外部时间的消耗，内部时间所展开的体验累积与知觉切片，成为认知主体的印象积累而产生整体认知。

其中，动知觉（kinaesthetic）的提出与引入强调了行走的力量与运动中的心理认同。其中的重要节点包括：阈限（忽然变化）与通道（passage）、转换（渐变通道）（transition）、片段、方向。韦太默试验指出屏幕上的运动现象事实上是片段跳跃和不连续的，而观者最终可以获得连续的心理认知。同样，景观中的整体感知是通过反复积累体验而持续进行的。关于动知觉的维度，莫霍利-纳吉在《运动中的视觉》中从这一角度关注了时空作用；空间情境美学还研究了如何建立观者心理结构与外部空间流动性的关系。

透明性在动知觉的影响下，不仅体现在视觉中的印象累积，还存在于多个空间系统中的独立系统的认知和交互，表现为：①主体在运动中获得对系统不同结构部分进行暗示的"阈限"处的信息，从中获得双重空间结构的信息，形成持续的观察累积，例如青海原子城景观。②主体对交互的双重系统的同时感知，并在运动中产生关注重点的切换，例如下文所述的伯利恒高架栈道的景观改造。总的来说，"透明的"时空架构主要体现在外部时空与内部时空的矛盾中。主体在对有限的、非连续的、异质的空间信息进行感知的过程中，外部时间呈现均质线性的特征，内部时间又充满压缩、延展、暂停与返回的现象。其中的差异性表现为空间阈限的双重特征，或是多个层化结构本身的不同。（图5-3）

　　由于对景观空间浸入式的体验，观察主体在运动当中获得感知累积，延长了心理上的体验时间，产生了反复阅读，形成自身的观感。基于衔接空间的共有性（如内部界框internal frame）等空间安排，主体在运动当中也会由于关注重点的转变，产生对空间理解上新的意义。立体主义的二维画面中，就是使用多个角度的图像重叠，形成需要消耗时间完成观察的空间关系网络，产生了连续视觉要素的共时并置。在三维空间中，阈限作为在运动状态中空间的转换节点，其共有性类似于二维空间中的共享边界，其"间隔"特性标志着差异的连接。

　　位于美国宾夕法尼亚州伯利恒市的伯利恒钢铁公司，停产后于2015年建成了高炉艺术文化园区，其中的HMT（Hoover-Mason Trestle）高架栈桥上根据原有工业生产流程，设置了游览序列上的24个节点，通过保留特定位置的工业遗存，建立互动式的导览应用，帮助游客深入体验和了解工业文化与当代景观。主体在游览中产生不同系统的叙事经验，包括钢铁公司历史与技术细节的呈现、工人社区发展的特有体验经历。观者通过自我导览与自我定位，在视线方向和界面高度的变化中，感知到了跳跃与多解的空间状态。两套时空体系随着主体运动互相震荡，随着一定行进序列的安排，形成知觉的累积。

　　在景观画面的生成过程中，时间使体验产生了延展性。物理空间的塑造关注了空间节奏与身体的沉浸。动态过程中，空间层次之间的关系处于震荡的状态，随着注视而稳定，在整个过程中实现印象的叠加与整体空间结构的获取。情景受历史时间的持续影响，对物质景观与抽象认知进行混合，在不断打破与形成中形成"视野融合"。主体通过行走，产生视觉目标与行走路线的关系与张力，形成主客体的融合（merging），并进一步定位自身意识。

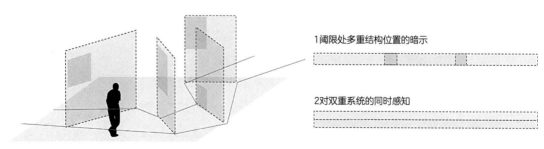

1阈限处多重结构位置的暗示

2对双重系统的同时感知

（图5-3）

图5-3　动知觉作用下获得的透明性示意

相似的案例还包括比利时海里纳利斯公园的设计，设计师通过提出一个游览项目的线索，融入战争的历史并且重新雕塑（resurface）场地的表面，通过设置线路与相关设施，串联了一战时期的场地遗产，通过设计增加可读性（readability）与可理解性（understandability）。场地中第一次世界大战的弹坑痕迹，周边低洼地点积聚雨水，促生了新的植被类型，而产生了新的生态斑块与场所记忆。安排游客重走当年战争的"前线路线"，它按照战争时期军队实际前进路线设计，用色彩鲜艳的灌木林线进行标记，游客在线路中穿行于农业用地之间，观者同时感知到农业生产的场地文脉与旧时战场的氛围，战争的痕迹与现在的农业得以综合、交互展现。

5.3.3 超链接与帧

与此相关却具有差别的是蒙太奇式的组合，跨越、剪切，并以多种线路叙述其中的设计意图，使观者有着跳跃且共时性的位置感知与情感体验。景观空间中片段被分解、切换、重组，以类似乔伊斯意识流式的文学叙述手法，通过"情节"的分离、解构、建立新的联系，形成节奏的变化。斯拉茨基针对罗的拼贴城市理论曾发出过评论："拼贴更多是指向物理空间的叠加，而蒙太奇则是通过时间的作用进行空间切片的累积，更能显示时空的共同作用"。在人的身体运动中，非线性时空（non-linear temporality and spatial presence）利用虚实空间结构与物境影像中的节点，实现回忆增值。上文所提到的"帧"，是能产生意义的最小画幅单元，超序的空间、时空片段的多项运动与共同作用，使观者感知建立起超链接（hyper link）关系，与电影中的蒙太奇不同的是，景观不一定规定出某一种固定的超序线路，而是利用丰富的扩增式的技术手段，产生叠印、错格、分隔、切换、消减、省略。

透明性在其中的有效呈现，就在于散布的"帧"的链接和隐喻的有效性。伯纳德·凯奇（Bernard Cache）所提出的"帧（frame）"的概念，更加强具有差异性的画面之间的联系性与动态反映，将差异化与联系性作为其必要条件。景观中，通过感受时间线路的选择，而形成异质片段中的多向游走，形成断裂与拼接，或是在多层信息的叠加与交错中，使人产生随机的选择与多重的联想，形成超链接式的"透明性"。（图5-4）

类似维德勒所描述的透明性的空间呈现状态形成的"晶体"，空间不断的闪回可以理解为建立现在与过去甚至未来的联系，观者在时空的蒙太奇呈现中得到情景和回忆的情感增值。不同层次的物像之间得以关联，促使观者的探索（图5-5）。

比利时根特市的废弃的De Porre纺织工厂，在倒闭几十年后被改造成为城市花园，成为多用途公园以激活周边社区活力。设计保留了原有的墙体、设备和部分构筑物，植入新建的路网、绿色空间和活动场所，存留的冷却池还被改造为儿童的游戏场所，空间中原有的工厂构筑物部分被移除，保留了重要的结构特征和一些墙体，并被新的功能空间重新整合，由此提供了社会层面的辐射和影响。由于原有生产空间逻辑的打散，功能的重新定义，通道与序列的重新安排与多种选择，实现了空间组织的蒙太奇与超链接，引发了主体的多线阅读过程。

不同于HMT的改造项目，De Porre纺织工厂新的空间层次没有延续原有逻辑设计，而是使多重序列、场地深层结构在叠加渗透中得到显露，共时呈现在"晶体"当中，其中连续空间中的传统物理空间序列，以及超链接提供的超序空间相互渗透，提供共时性的体验方式。相似

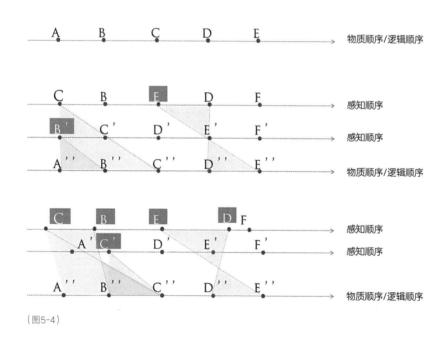

（图5-4）

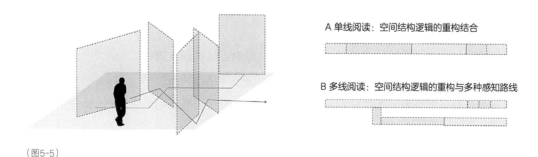

（图5-5）

图5-4　景观路线设定与超链接的感知模式
图5-5　超链接产生的透明性示意

的空间案例还包括德国鲁尔区埃森矿业联盟工业区景观Zollverein公园，它被改造成为一个可以被不断探索的公园，而不仅仅单纯表现煤矿业的兴起与衰落。从2002年建设至今，它从完全禁止入内的区域发展成为公园，多元的设施与活动路线穿梭其中，水面、绿地、设施的贯穿，被重新组织在新的路径系统中，使主体获得所谓感知的"结晶过程"，得到折射出的差异的时空特征。

5.3.4 图解：蒙太奇

针对空间层次产生的透明性，对应了拼贴与蒙太奇式的图解手段。谢尔盖·爱森斯坦（Sergei Eisenstein）用电影脚本的方式拼贴形成片段的蒙太奇连接，并把多层之间的交叉部分作为同时性的感知部分，而体现影像、音乐、空间的整体意义；屈米在拉维莱特公园的设计中尝试了分层的、解构的"事件-空间"的谱记方式进行空间结构说明。在他所著的曼哈顿手稿中，对时间、运动、空间序列的结构性描述暗示了空间建构中的逻辑性。

理查德·维勒（Richard Weller）在理论批判与实践中进行探索，关注了文化与人类学方向的思考。他在柏林的波茨坦广场（Potsdamer Platz）设计中，进行了若干层的图绘，使用拼贴和蒙太奇的方法描述城市公园的五个层次（隐喻的含义包括：地面形态、白天剧场、夜晚剧场、机器的极乐世界、生活的机器），以细微的踪迹揭示了场地的过往，展现了柏林冷战时期的历史状态。

科纳在1996年提出了"意符（表意文字）ideogram"的概念。这一技术观念结合了超现实主义和电影蒙太奇的方法，对冲突的非连接元素进行协调，并保持并置关系的模糊性，打破图像框架，使观者可以掌握再现景观的多样性。景象、尺度、集结状态在超链接中展示，其时间性、概念性的延展，突破了静止的照片维度。宾大教师瓦莱里奥·莫拉比托（Valerio Morabito）提出将记忆、真实与想象拼贴在一起，放弃地理空间完全的真实性，他带领Penn Design Studio V 课程的学生应用场地各个维度的拼贴，利用拼接想象画面的方式，完成对场地的再认知与后续设计。

上述图解过程并不是引导片段的解读，而是尝试探索空间的新维度并形成对现实的延伸。层叠的图像暗示了一系列不同空间时刻的感知，创造了更多空间关系的交织，产生使观者不停探寻的推动力，调节着可

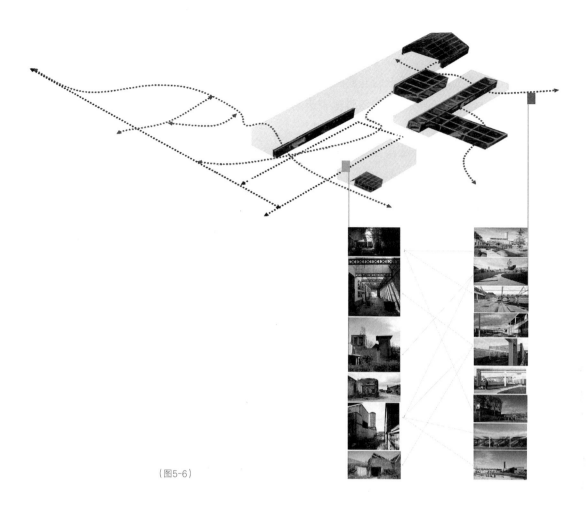

（图5-6）

识别图像与观者在空间中实现阅读选择的关系。在这一理解基础上，对 De Porre纺织工厂公共空间的主客体交互过程进行图解（图5-6）。

5.4 时-空体层次

透明性中时空压缩的本质，可以从三维拓展到四维，对时间的重视，体现在若干尺度之上。时空体不只是对竖向的沉淀与横向的序列的多维度组织，德里达、埃森曼所沿用的"复写（Palimpsest）"与海杜克提出的"时空体（Chronotope）"都意在表现时空体的四维呈现。

图5-6 图解De Porre纺织工厂公共空间改造的超链接关系

第 5 章
透明性在景观空间中的载体层次

后现代主义的语境，使设计师用多样性、差异化和意义等原则来激活地方的复原与整修。对历史文本和对传统建筑的保留与纳入，可以看作是这一时期对揭示历史的兴趣的展现，它通过揭示场地先前的历史沉淀（sedimentation），将场所置于运动的位置，创造景观的开放性。

时空体是对历时性的颠覆，它们唤起了另一种感觉，"这种感觉超越了线性记忆，成为历时的、非线性的且同时的体验"。彼得·拉茨(Peter Latz)在杜伊斯堡公园设计中利用分层的意义系统找到了他的设计方法，强调了并置产生的戏剧张力。乔治·德贡布（Georges Descombes）一直在实践中努力展现场地的历史层次，并尝试结合观者个人体会与发现。

5.4.1　场地复写

弗洛伊德曾用不同历史时期的建筑空间并置来类比人类心智发展，认为罗马悠久和丰富的历史促生了认知主体相应的心理存在，同样的空间为了承载两种不同的历史内容，使用了并置的方式来呈现空间领域对历史顺序信息的包容。复写式的阅读（Palimpsestuous reading），在后现代艺术教育中也频繁被提及，这一特征与"透明性"有着直接关联。

Palimpsest在牛津建筑词典中的释义为壁画中重叠或遮盖早期的层次，也被定义为在"手稿（17世纪纸张比较珍贵的时候，纸张被重复利用以记录多层文字）"中部分被擦除而留下痕迹的文字，可以在新的书写过程中阅读，形成明显不同的书写层次。大英百科全书中强调复写的概念为潜在或者下层的信息，是在被重新使用或者持续改变的过程中，仍可以被辨认出的可见痕迹（something that has been reused or altered but still bear visible traces of its earlier form）。

现代创作活动引申了痕迹（traces）的概念，用以描述建筑及城市形态。城市领域中的场地复写（隐迹文本）表现了城市中连续的波动和周期发展，与人口、社会、文化、政治相关，它在街道布局，建筑肌理甚至自然遗产之中，逐渐形成不均匀的分层和印记。它被运用在地质学、地理学、考古学、历史学，描述物质景观与人类关系，例如意大利学派城市形态学提出城市再生的形态是永无休止发展的；新文化地理学提出景观本身作为"看"的方式的三个重要隐喻，其中就包括了"复写"的呈现；有学者提出了城市景观考古（urban landscape archaeology）的概念，将其作为积极利用场地历史、处理物质遗留的方式。

在设计语境中，埃森曼1980年引用复写这一概念，以德里达的哲学思想为基础，将建筑视为一种文本观念，重申场地永远不是空白的。德里达所提出的"复写"，其特征具有二元性：现存层的意义积累，以及擦除部分留出新的发展空间与新事物的出现，这二元（或者多元）是并重和同延的关系。在这一认识下，场地的历史被认为具有"谱性spectral"，在"踪迹"中得到自我证明，承载不同场所意义与群体集体意义。复写打开了多种阅读的可能性，其本质是不确定性与不稳定性，包括对内部到对外部的关注转变。

复写空间中的二元性表现在：现存层的意义通过时间积累，擦除部分留出新的发展空间。这种时空四维的呈现，由于将场地时间包裹在了空间之中，因此呈现了不同时间空间的物质及意义的多层叠加的可感知性。空间的复写提供了场地深入层次的时空结构，场地踪迹的时空分布与意义的累积，通过主体一定的感知方式呈现。

高哈汝在里昂市所做的景观设计，拆除了山丘环境中的工厂，保留了工人居住区，以及随时间逐渐积累形成的花园和住区，包括其中的植物、作物。设计师通过将破旧挡墙拆除，重新建成新的城墙秩序，加固了花园，并且形成了新的空间结构，呈现了景观空间的四维架构。

西班牙罗维拉山山顶炮台公园，在所改造的空间中也显示了这种四维的透明性，设计师使用了更为精妙的组织方式，充分展现了场地中的四维关系。罗维拉山山顶早期为村庄与农场，在西班牙内战时期成为防空基地，其军事结构体包括了圆型平台、指挥所、兵营和附属构筑。战争结束后，外来移民在其上改建和建造了城市棚户区。1990年该区得到了改造的机会，通过景观介入与场地修复，使其成为一个呈现历史踪迹的炮台公园，同时具有竖向的沉淀痕迹与横向的空间序列安排。在主体行进中，可以分辨出不同历史节点的痕迹，感受到场地动态的演化特征以及它们之间的互动。不同的痕迹在同一场所范围内共时呈现，军事建筑与生活痕迹的形式边界共享，尤其是具有不同历史时期痕迹的建筑墙体，无不同时向人们展示着历史与当下多样化的功能与活动（图5-7）。

在场所本身的时空结构与动态特征呈现中，观者还可以通过游览线索进行再组织，得到更为丰富与"透明"的认知结果，最终呈现一种"编年的废除和时间的反抗"。设计师通过解蔽场地的完整历史，不去遮盖或者转换，使观者直面其动态发展线索，更是通过新增相关的设施与

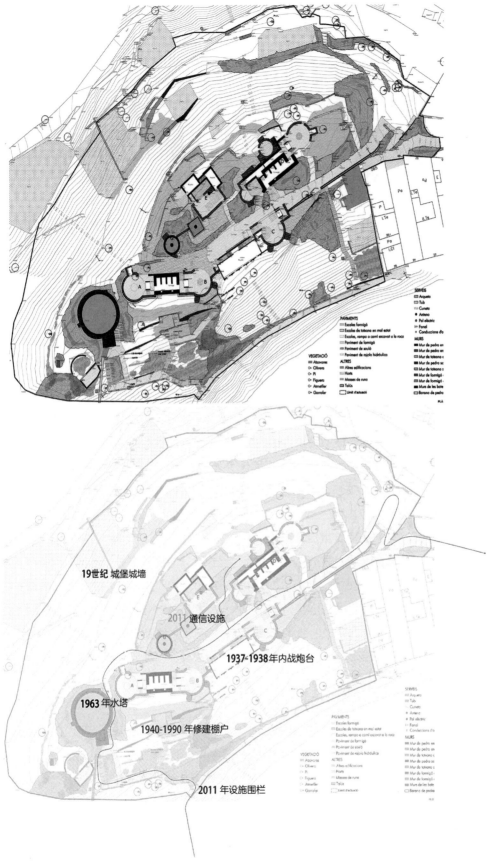

19世纪 城堡城墙

2011 通信设施

1937-1938年内战炮台

1963 年水塔

1940-1990 年修建棚户

2011 年设施围栏

（图5-7）

游览引导，对不同信息进行超链接的组织，结合了新的场所功能进行激活。观者身体运动中的空间重构与场所多层历史沉淀，呈现了以上这两个过程的"透明"的空间建构结果（图5-8）。

5.4.2　叙事体

文学家巴赫金（Mikhail Mikhailovich Bakhtin）所提出的"时空体"（chronotope）是他根据物理相对论的时空体概念创造的艺术批评新话语，包括时间的空间化，以及空间融入时间两方面。受到巴赫金的影响，海杜克因此构想了"假面舞会"等作品形式，利用叙事性构成叙事体。其中的叙事体本身不再具有表征性，而是形成自我指涉，利用空间将自身时间包裹形成自我叙事。海斯（K M Hays）认为，海杜克作品中的独特模式充分构建了巴赫金的时空体概念，使空间本身被赋予情节、运动、时间感（图5-9）。

叙事体是在空间中预设人物/事物并赋予情节发展，这一过程模糊了事实与再现的两个方面，形成功能与概念性的博弈。海杜克更关注表述性、游牧性、主客体之间的关联、语言到言语的转向（from langue to parole），甚至利用可移动的机械构筑，不停与语境、计划、主客体发生互换，取代了确定性的表意链。他从柏林假面舞会发展而来的一系列图

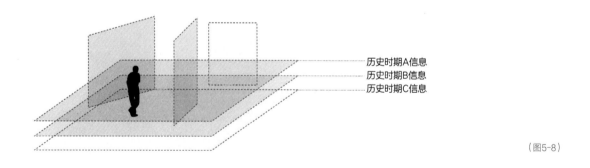

历史时期A信息
历史时期B信息
历史时期C信息

（图5-8）

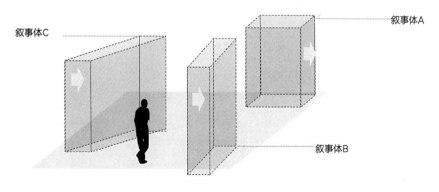

叙事体C

叙事体A

叙事体B

（图5-9）

图5-7　罗维拉山山顶公园平面图与主要动线
图5-8　复写空间产生的透明性示意
图5-9　叙事体产生的透明性示意

绘和构筑，例如"Victims"是在1984 Prinz-Albert-Palais 设计竞赛中对柏林阿尔布雷希特王子宫纪念性公园提出的设想。通过事件的空间化，形成一系列构筑和物体，将叙事性赋予具有主体意义的建构物体与空间。

其中，"建筑"结构被赋予主体性格，与集体记忆相联系却又呈现出完全的形式自主性。空间中利用了双树篱限定边界，游客只能通过吊桥或者一些固定出入口进入。内部67个结构体，全部为不同"性格"的物体，安排在格网上的常青植物，分布在网格和序列之中。这一空间特征，使"寻找踪迹与事件"的过程以X光的方式，在内部形成穿透。叙事体的连接以及对场地的处理，通过编织时间而实现，其中的每个结构都似乎包含了"性格"与"事件本身"，且没有固定在一个位置，而是"可以在关系网格中可以被接触到（a sort of pointal-connective tissue floating within a nature-grid）"。叙事体本身通过构建时间，引导着观者的认知建构过程。

对于景观来说，这种叙事性并不需要特别的创造，其深层结构本身就存在于生活生产的逻辑之中。多尔梅廷根化石体验园景观，位于德国多尔梅廷根的一处水泥厂及矿区遗址，设计行为梳理了页岩矿区的遗留地貌，展示其历史背景，通过公园景观的置入改造，增加了公共社会价值以及场地本身的可持续发展价值。矿区中的页岩化石展示，以及游乐设施的设置，显示出了场地新的生命力，这些游戏设施与化石雕塑，通过改造与结合形成了被空间本身包裹的事件性，从而显示出了具有时空体特征的透明性。

5.4.3 图解：游牧与动态谱记

针对时空体中透明性得以呈现的两种载体形式，包括场地历史信息对自我时间感的建构，以及要素本身所呈现的时间隐含的叙事性。对应有不同的图解方式。在达达和超现实主义影响下，情境主义国际更为关注日常生活性，其中德波创作的巴黎心理地理学指南，是将巴黎不同区域的底图，利用心理感知层面的箭头相联系，形成了共时的展现，并表达了个体化认知与心理距离作用下的重构的"透明"的巴黎，强调"日常生活的革命"。CIAM格网（对城市功能与不同议题所进行的表格图示化）从一定程度上展现了意识形态转译为图示的过程，将叙事性的表达与历史、地理、图示性方式连接，并尝试对复杂信息进行同时性展现；路易斯康在费城规划研究中还设置了运动图示，其中箭头的示意展示了运动的路线。以上案例都体现了认知与再现的时间性。

现代编舞家拉班（Rudolph von Laban），通过谱记的系统体系标记身体运动，对短暂的身体运动进行复制与记录，形成舞台语言。拉班舞谱中，舞蹈的记录被垂直向阅读，使用编码（encoding），可以针对特定的身体部分和相关的舞蹈姿势。所形成的"谱记（notation）"作为一种表达概念与过程的图示方式，是对电影、舞蹈、音乐、文学作品中的再现与记录方式。爱森斯坦对电影的画面单元、音乐设置的并列式再现，启发了景观师的图解方法。

在其影响下，哈普林提出的动态谱记（motation）：通过一系列竖向界面和界面之间的距离，形成标准化的记录，包括标题、运动方式的指示，时间单位与距离单位，总时间与总距离等信息。动态谱记的基本单元是界框，这与动态的图像电影形成区别，界框竖向的图像表征，确保了在环境移动中阅读经验的形成。为了指示速度，他使用了竖向分布的圆点，分布密集代表速度慢，分布疏离代表远，等等。

屈米根据詹姆斯·乔伊斯的《芬尼根的守灵》所设计的城市项目乔伊斯花园，使用同样方式将它的片段空间信息，包括剖面、平面、空间表现、活动分层，按实际位置统一展现，以揭示场地时空信息的全貌。在屈米的其他城市与景观项目中，同样利用解构与再次解读的过程，将事件发生的谱记方法作为他的设计意义来源。在曼哈顿手稿中，这种手记方式预计了一种存在中的事实，一种等待解构最终被转换的事实。屈米所引用的异质同晶（homoeomophy）中的变形，产生复杂综合的形式和开放空间的多样性，不受制于任何计划（图5-10）。

谱记可以被看作是一个研究空间的工具性的标记系统，在三方面的谱记模式（事件、动作、空间）中，介绍经验及发生时间的顺序，从而介入城市阅读，进而在图面上投射出新的身体与时间空间的标志。

与此不同，Erdim利用"游牧"的定义，进行了行走的制图。"游隼投射（Peregrine Projection）"的项目则利用行走展开了纪念性与日

（图5-10）

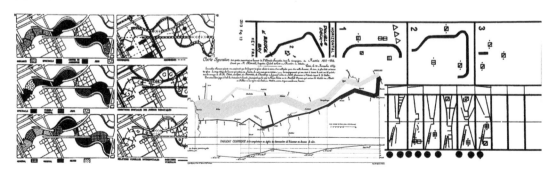

图5-10　屈米的谱记方式（左）与哈普林的运动谱记方式
（右）（图片来源：Tschumi, 1987; Halprin, 1960）

常性的关系，描绘过程将塞哥维亚的许多钟楼作为景观的导航点，从广场到广场建造游行路线，纪念碑的轨迹通过单独个体行进时的描绘，形成自动制图（automatic cartography）。观察者在行走过程中，将观察点固定在水平线上某一点，如Segovia教堂钟塔，在行进中每60s拍取一张照片，保留了转换处的阈限信息。之后的绘制依据水平线将照片叠加，按照次序投射并且追踪。这个过程再现了主体的再次行走过程，在时间作用下，驱使人通过不寻常的路径漫游城市之中。

再以查尔斯·约瑟夫（Charles Joseph）对拿破仑冬季远征俄国的图示为例，其士兵规模，所处地点，时间，行进方向，地理信息都被同时呈现在一个连续统一的再现系统与结构中。

在游牧、动态谱记等图解思想的影响下，基于罗维拉山顶公园的感知图解，笔者绘制了场地动态性信息的被揭示过程，以及主体运动与感知中所形成的与场地之间的互动关系。其中利用不同色块与位置代表了对特定历史层次信息的感知持续过程，并且再现单层信息之间的链接关系（图5-11）。

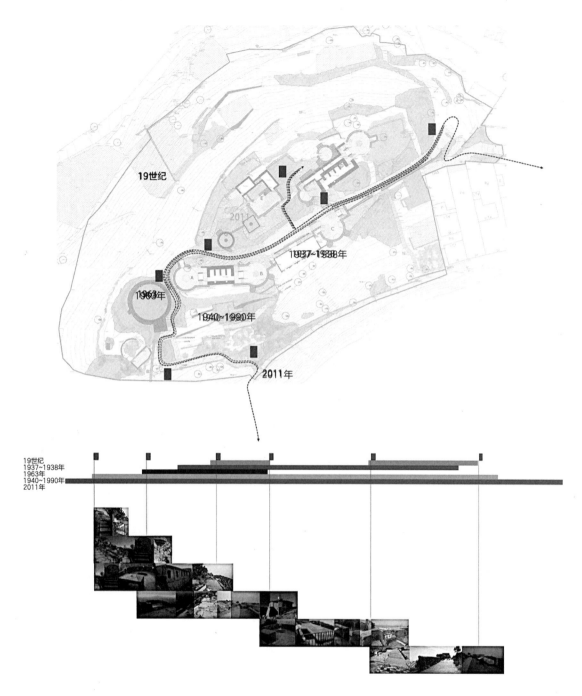

19世纪

1937~1938年

1963年

1940~1990年

2011年

19世纪
1937~1938年
1963年
1940~1990年
2011年

(图5-11)

图5-11　图解罗维拉山顶公园的时空复写关系

9 8 7 6

第6章

基于差异显现的设计思想与实践

前文通过对透明性在景观空间的再现与图解方式进行分析，重申了景观空间中透明性与时空架构中差异性显现的逻辑关系。本章通过对当代仍具有影响力的几种设计思想与内涵进行分析，从而展开应用层面的方法体系探讨。通过梳理差异性显现的设计方式，及其与透明性的对应关系，形成理论与方式之间的中介性思考。通过不同的差异性显现的架构策略，研究不同设计思想与案例的设计价值、驱动力、策略方法等，形成具体方法提炼及总结。

6.1　关注差异的设计方法与"透明性"呈现

透明性理论体系除了引入景观语境的精读关键词与话语体系，还形成一种景观空间属性的参考与评价系统。可以说，若干价值导向的设计方式均有可能使认知主体在景观空间中获得透明性，例如基于一定视觉准则的景观构成作品，体验景观角度的时空处理，等等。透明性作为一种空间结果，并不只是对应一种设计方法和价值，它揭示并且形成了一种处理多元差异关系的评判价值中介。

在现当代设计中，对差异的解蔽是形成空间透明性的重要设计思想来源。呈现差异性的时空架构和设计过程，成为获得新见识、创造新领域的工具，引领发现本是藏匿在碎片化的城市景观之后的新的知识。可见性信息意味着权利和生存，而主体的移动过程，实现了可见性的增值。通过创造"会面"，使差异性得以碰撞，并产生新的状态。差异的解蔽与呈现的对立面，是差异的遮蔽，亦即一种完全受控的、统一的、单一价值的设计方法，例如现代主义形式上的高度理性与完型。而对应的后现代主义的扩展视野（expanded field），这一设计价值观关注的不是替代，而是包容。在这一价值观影响下，景观的形式与空间需要包容、揭示和表达其本身进化过程中的结构，使之更为明显与可读，差异显现成为某些设计方式的出发点。同时，在"存异"的而不是"趋同"的设计方式中，仍然不可避免的呈现一种表面化、缺乏深度的直觉性认知，只呈现出堆叠与混杂，成为"透明"的反面。这些现实都表明，对待呈现差异的设计方法，需要智慧与技巧，"透明性"则可被认为是这一设计行为的结果与评判视角。通过形成特定时空架构组织，使破碎与差异得以处理而形成更为有意义与活力的场所。

需要说明的是，"透明"导向下的对差异的解蔽，是对当代景观责任与价值转变的一种回应，对于这种方法的定位是当代景观设计语境下，基于呈现差异这一价值观下的特定方法探索，具有特定使用范围，并不是设计的唯一选择，更不是对其他设计方法的排斥与降格。这一设计思想所强调的是将现象与不可见的结构变得更为可见，包括差异的历史信息、差异的环境信息、差异的功用部分等等，从而提供视觉可读的基础，进一步形成有益于主体互动的、"透明"的设计成果，使其基于景观空间的三元关系价值具有正向的影响力。另一方面，设计方法的区别与对待差异的态度呈现相关性，结合前文吉迪恩对"心眼（mental eye）"的阐述，可以认为，可见的视觉元素中仍具有选择上的差异，如何保留最为重要的要素，形成有益的景观空间，是下文所重点分类探讨的（图6-1）。

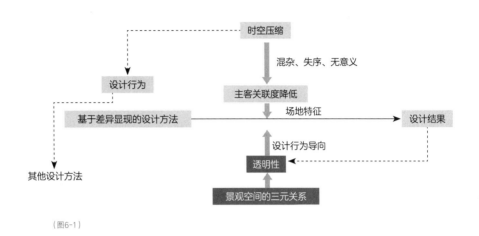

（图6-1）

6.2 整合差异：秩序调解与功用重建

这一设计思想在差异共存的基础上更为关注整合的力量，使新置的景观要素对场所的其他空间要素或秩序形成调解与粘合。

6.2.1 透明的形式组织

透明性与拼贴是霍伊斯里在教学中建构空间的独特方法。他发展了对已知环境的再解读的能力，号召寻找转瞬即逝的不确定的和谐，同时也建议在时间流转中寻找重组的方式。他认为这一设计方式的对立面，是制造一个完整神圣的总体规划。他在ETH任教时，给学生的任务是使用错综交织的建筑填充高密度的城市肌理，他的学生的作品与罗在康奈尔的学生设计作品相比，没有过多的细致的组成，但充满了霍伊斯里强调的开放的"肌理"特征。

霍伊斯里的设计思路是将三维空间简化成为界面关系，通过设置平面肌理与空间秩序的连接关系，将正面性的易感知的透明性延伸至三维，并影响垂直方向的体验。之后霍伊斯里更明确空间作为形式与功用的公共母体，表示了透明性存在于任何具有两个以上结构系统的空间场

图6-1 景观透明性对基于差异显现的设计方法的导向作用

第 6 章
基于差异显现的设计思想与实践

所中，其中，新增部分由于具有双重或者多重空间特征，而显示出了其归属部分的游移，其空间的安排使观者在认知过程中不断产生思维的震荡与进一步解读的动力，与此同时，破碎与分散在这一设计行为中被化解与粘合。他引用了学生Mark Jarzombek在1980年的毕业作品，作品的设计内容就包括了对城市空间的差异性肌理如何进行链接和组织，展示出归属于若干网格系统或者方向系统的空间如何被粘结和组织在一起。

霍伊斯里的这一思想，显示出了有控制的拼贴行为对粘结空间的力量。事实上，他的个人拼贴作品也不断让人认识到建筑与城市设计中本质存在的脆弱与时间流动性，他利用分散和无常的不同元素，如撷拾物（found object）、碎片（the fragment）、破落和折叠的表面与边缘，研究拼贴的方式如何诱发活力。有控制的拼贴作为一种思考状态，利用混合多元的要素，在复合混杂的建筑与城市肌理中，实现了多元参照的整合。之后他的观点受到了罗和弗莱德·科特（Fred Koetter）的影响：拼贴是一种对城市状况选择性编辑和修订的过程，关注新的空间秩序，吸取并改变已经存在的空间秩序。透明的形式组织以包容的态度处理空间形式矛盾，整合并保留冲突性，其中允许多重阅读及个体理解。霍伊斯里强调了人的意识，以及对空间形式中暧昧模糊的交接关系的肯定。

霍伊斯里在ETH对位于威尼斯的城市开发项目进行展览，场地包括了住宅区、广场、教堂、老屠宰场。其中场所中需要保留的建筑被设为空间组织的起始点，并且具有不同方向。透明的组织方法被认为创造了新的空间系统，利用这些不同方向的秩序系统，将空间网络的碎片、新元素和散乱的要素包容整合在一起。在其他项目中，他还考虑了新与旧的两套系统，以及公共、私人等不同属性的空间如何被置于两套网格中，在结合处使用"透明的组织"实现了整体上两套结构的共存（图6-2）。

在这一设计思想中，设计行为没有对不同的空间结构进行遮盖或者进行边界上的设定，而是将其各自特征引入新的实践范围中形成显现的共存与粘合。同领土景观的出发点相同，它以包容、整合为出发点，以环境本身作为信息来源，通过引入正交网格或不同秩序，创建一个融合矛盾、多层次共有的系统。亚历山大·卡拉贡（Alexander Caragonne）认为霍伊斯里对分析立体主义与建筑关系的兴趣引导他去构思城市空间，由此得到综合（synthesizing）的而不是分离（fracture）的设计视角与形式秩序组织工具。

霍伊斯里在现象透明的概念中，关注了时间状况与改变，认为拼贴就是时间复写的隐喻（metaphor for the palimpsest of time），拼贴揭

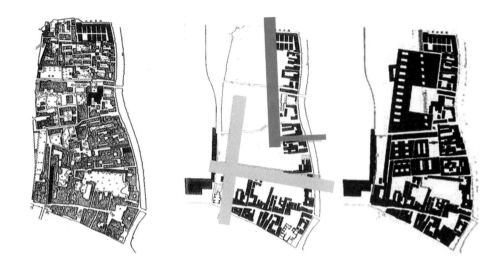

示了持续的图像转变，形式是设计的工具，而不只是设计过程的结果。通过自身实践，利用抽象绘画与雕塑等非尺度感的物体，影响了对建筑、城市空间的探索。他认为透明性与拼贴同样是可以操作的空间处理方法，这一设计方法较于单纯对功能的理性配置更有意义，透明性使我们看到了时空塑造结果的丰富性。

6.2.2　领土肌理的引入

领土景观的设计方法，同样关注了平面秩序与肌理。这一思想是地域性景观理论的组成部分，强调自然与人文肌理本身的价值，强调（平面）肌理对场地的控制作用，一定程度上具有对土地利用模式与领土风貌的审美化倾向。领土景观本身具有累积叠加的过程，设计场地作为其中的一部分必须在领土景观特定肌理的影响与控制下形成，受制于其形成机制与呈现特征。场地作为一个片段，包含特征要素以及清晰的肌理与融合性，这一设计思想将领土作为场地设计的参照与依据，使其与环境有良好的过渡，且不对现有环境的视线与流线造成影响。

"景观要素、景观空间、景观空间之间的相互关系，共同构成了领土景观"。它的探讨范围需要基于一定尺度下的景观空间组成，包括自然景观与人文方面对其肌理的塑造和不断影响。其肌理的延续可以通过保留视线廊道与边界轮廓实现，借用外部景观肌理形成自身的延伸性与拓展性，紧密联系了场地与环境关系。例如法国巴黎所形成的领土景观特质，反映了景观师对区域环境改善中的关键作用。杜舍曼公园的设计一方面遵循城市轴线的秩序与视线安排，另一方面与塞纳河走向有秩序

图6-2　威尼斯老屠宰场的城市开发项目
（图片来源：霍伊斯里，1980）

第6章
基于差异景观的设计思想与实践

上的统一。从形式角度来说，这种思路也强调了来源于领土与环境中多种空间秩序的引入与叠加，由平面到空间提供给观者以秩序整合式的透明性。

6.2.3 后拼贴：包裹与复合

在霍伊斯里的应用体系解读中，透明性成为一种整合空间秩序的方法，而显示出其工具价值。多层的信息在时空压缩的社会背景中，存在于大量人居环境中的空间场所。

斯坦·艾伦（Stan Allen）曾提出城市发展中的后拼贴方法（post-collage），之后又在毯式建筑与毯式都市主义中探讨了城市景观发展的水平性，从一定程度奠定了景观都市主义的理论基础。在斯坦·艾伦探讨城市空间时，关注了后现代片段化的设计，认为当今城市都处于蒙太奇的实践当中，后现代主义的各种定义都在警惕着差异性的丧失，但事物之间的不同不再容易引人瞩目，随之而来的是地域特色消退与场所感丧失。后拼贴不同于拼贴中对差异的直接碰撞处理，而是利用秩序的交叠，产生空间张力，对"差异"进行留存的同时进行缝合，从而弥合差异。这一设计思想认为空间体验先于和超出推导性，新的空间通过"加厚"的行为而不是通过确定边界来确定。由此形成的场域是一种从一向多、个体到集体的转换，多样而不是分裂和片段。为了统一差异性，设计使用一种松散的聚集和多孔的连接，复杂性与多样性通过间隙、重复、连续的具体关系来界定，后拼贴在不断扩大的碎片信息中找到一种整合、流动、统一的方式，这种方式不是抹杀差异，而是在不可避免的差异的显现当中注入新的调和层次。

贝鲁特露天市场（Beirut Souks）在历史上经历了大的变革，在黎巴嫩战后的重建中，占据了城市中心的特殊位置。1975年到1990年，露天市场经历了不同阶段的更新，它既是区域经济活力的中心，又承载着集体记忆，它的黄金时期在1950年到1970年，在1982年到1992年的重建中遭到了破坏。斯坦·艾伦在贝鲁特露天市场重建竞赛项目中，设想利用基础设施，在水平面统一场地差异元素，试图重建一个长期生长的城市环境。斯坦·艾伦的设计作用于揭示场地的考古意义上的层次，从腓尼基人城市到罗马帝国后期，再到伊斯兰文明的叠加，揭示这一"市中井"存在到19世纪的各种痕迹。对于贝鲁特的复杂文化，以及多样化的城市形态，他提出了"尽可能保护和重建历史建筑，接受形式不规则""用连续界面覆盖场地""引入新的功能，建设新的建筑""通过钢与玻璃屋顶的覆盖，整合场地的破碎"等做法。预先设定

（图6-3）

各种功能和风格的并存，包容各种复杂性。其中包括原有的清真寺、露天市场、广场和新置的居住、商业和办公空间等等。具体构建中，他使用混凝土支撑玻璃屋顶，形成清真寺、保留墙体、新建建筑，以及与玻璃屋顶的共存复合体（图6-3）。

斯坦·艾伦在1994年对项目做出构思，在1999年发表的论著中引用到了这一案例，其理论探讨了后现代主义时期对城市中呈现出大众性的、无深度的表面化拼贴的反思，认为这些空间特征过于抽象与缺乏深度，因此，应该注重关系的建立，从而形成场域。

可以认为，差异性的显现在控制的作用下成为统一的空间表达，反映了对拼贴本身是自上而下还是自下而上的一种思辨。斯坦·艾伦在此后的理论探索中，提出了毯式建筑与毯式都市主义，进一步强调了"表面（surface）"在空间建构中的意义。水平状空间充分连接，通过灵活的单元与系统组织，打破功能与形式一一对应的做法，通过需求改变对应关系，并进行自我解释的建立与重建。这一思想显示了多孔的特征，表明了过渡空间和节点空间同等重要的关系，在内在部分的关系控制下形成肌理，而不是形成图案。在《毯式都市主义》（*Mat Urbanism: The Thick 2-D*）的文章中他提到：我们应开始更多关注关系而不是实体，关注间隙（interval）与部分之间的序列（sequence of parts），事物之间的空间（space between things），就像音乐中停顿、绘画中的留白，或是建筑中空的空间（silence in music, blankness in painting, or architecture's empty spaces）。其中有厚度的地表对景

图6-3 贝鲁特露天市场重建
（图片来源：斯坦·艾伦，1999）

第6章
基于差异显现的设计思想与实践

观都市主义相关理论中"厚度地面（thick ground）"的引入有着很大的联系，强调了景观空间的叠加的发展过程，这一设计方法更接近真实复杂的城市，而非中央集权式规划机制中的固定刻板形式。二维的厚度从形式上显示了城市复合界面作为整合城市功能和复杂城市行为的载体特征，是有厚度、容纳各种城市功能的立体容器。"增厚的地面（thickened ground）"，作为多种形式、多样功能的层叠式结构，能够"汇编""穿越"其间的事件与事物，提供互动的可能，成为实质立体化、多层次复合叠加的结构。增厚（thickening）的手段将二维的界面转变为有空间厚度的事件性场所，唤醒消极的空间。

斯坦·艾伦从后拼贴的观念发展到毯式都市主义，为景观都市主义的提出奠定基础，逐渐形成的思路是将景观空间作为后置的，介入、叠加、整合的手段激活城市空间的差异方面，构成流动与互动的系统，多维的层化的不同空间形式的综合，将同构型物质串联成网产生延展，容纳各种事件与日常活动。景观空间厚度中的重叠关系能使人更好的理解和表述当今城市发展与演变过程，并且可以作为载体介入、协调、重组城市结构。其中，透明性在空间建构的层叠中显现，并从功用方面体现了空间的透明特征。这种对场所功用与空间有效性的关注，从形式上势必会产生景观结构系统之间以及与其他城市要素的交叠，从贝鲁特市场重建的案例来说，可以理解为一种置入元素对原有系统和差异结构的交叠与包裹，从而形成空间的改善，引发主体对场所新的认知与解读。

6.2.4　混合体：缝合与嫁接

在弗兰普顿对批判性地域主义的文章启发下，科纳结合亨特（John Dixon Hunt）有关场地、场所精神、场所营造等方面的文章中所提的相关观点，提出了有关景观设计形式的三种方法层次。分别为：①物种/种群（species）：关注景观的外观与景观本身的意义、故事以及物质实体的保护，区别于土地利用模式的审美化（城市肌理），关注城市新陈代谢的城市骨架与脉络以及内部关系的结构（interrelation structure），而不仅是简单的肌理或者图形。通过描述之间的相互作用，揭示共存的系统性的内在关系并建立深入的信息框架。强调场所外观中隐藏的景色价值与经济、功能、社会系统的交换与辩证关系。②在此基础上，他进一步提出了场地作为"混合（杂交）体（hybrid）"的概念。③复制与克隆（clone）（既不是原始种类，也不是杂交形式），以自治、通用的方式开展设计工作，例如应用方格网，创造出了极其多样的空间混合、使用方式与社会群体，创造新的厚度与沉积，孕育自身新的组成部分，引导丰富的不可预料的互动的混合，用潜在的超文本（potential hypertext）创造不确定的事件与阅读。

其中，混合、杂交的设计观念更多关注水平向的扩张与编织，新与旧的同时存在等方向。场地的混合强调了场地形式之间杂交、嫁接的可能性，以及产生的新要素与其源形式共同显现的状态。因此，"从物种的角度来说，混合可以用来创造与现存场地的互动关系。例如奥斯曼（George-Eugene Haussmann）的巴黎规划，除了新的大道之外，使用了一系列缝合（seaming）和嫁接（grafting）的手段；拉茨的北杜伊斯堡公园，借由使用旧的结构而实现新的社会功用。而作为有机体，公园仍存在未完成性和不确定性，并在持续进化"。混合体就是实现不同结构的结合与并存（compresence），正如杂交育种与嫁接所产生的协同作用。

高线公园的项目，其重点是新的多元平面与层叠关系，在现状铁路景观上，梳齿状的表面缝合了自然与硬质空间，设计获得了一个新的综合面貌。对原有铁路的应用就是一种嫁接的思维方式，将新层结构直接与高架桥结合，使新旧层的直接利用与更新显示出了一种重新的排布与混杂化（reconstitution and hybridization）。这一杂交的方式可以类比朱塞佩·阿尔钦博托（Giuseppe Arcimboldo）的绘画创作，利用其他类型的图像组合成新的图像，使其中一者融入另外一者，而没有拼合的迹象，原始资源无缝衔接成为一个新的陌生的实体，对差异的处理方式在于形成了新的圆滑界面（new filleted surface），与现状铁路轨道叠合。这种新的梳理过的、整合丰富的表面，容纳了水、空气、花草的生长，旧有痕迹融入了新的景观设施。

这一设计思想不是抹除、替代或者复制形成新的综合体，而是借由重建与杂交化赋予场所新生。"混合体（hybrid）"的设计思路对旧有结构进行利用，使遗弃的功能可以迎接新的社会目标。作为一个有机体，公园还会持续生长与进化，因此其设计目的并不是一种固定的形式成果，而是使其保留可持续的适应力。

景观设计中一个永恒的主题是地方性（地域性）与普遍主义、全球化之间的明显张力。在实际设计操作中，常用的设计方式或者创造新的物质集合，会导致普遍同质化。同时，联系场所与地域性的设计方式虽会促使产生加强场所意义，但也可能会带来场地发展中幽闭的惯性和重复。科纳通过混合体的形式，强调了"层化"与"想象"的关键技术，针对高度独特性的具有厚度的场地，他认为应保留并加工随时间积累的多重遗存。他大胆对比了欧洲对场所厚度的理解，认为原样的保存只停留在了表面，只是承载再现内容的形式。而他认为美国实践语境下的设计途径，从生态的深度和动态变化扩展场所的厚度。

同时，不同于传统景观对"稳固结构（steady state）"的追求，这一思想展现了景观师对变化与阶段性状态的认知，包括对植物的使用。设计师在完全不同或者不可预料的空间特征中创造，设计要素与不可确定的事件相互作用。结构性的连接在句法中利用小且独立的元素，进行扩增与缩减，并持续进行进化中的生长。物与物之间的关系句法、过程的作用，利用松散的支架（loose scaffold）支持适应性的城市生态与服务功能，而不是过分决定单体空间的意义与使用。这种多价的能力，正如赫曼·赫兹伯格（Herman Hertzberger）提出多价空间（polyvalence），"不至于无所适从以失去自己特征"，不以多功能性这一被动方式应对，而是

"多价"自身具有处理意料之外突发情况的能力。这一思想也使传统维度的地面、顶面、剖面被重新定义，呈现从外部空间过渡到内部空间，形成平滑连接的整体。在关注地表在不同时间下的运行过程与演替中，地表不是土壤铺装或其他实体，而是对地面多重组合与各个系统动态关系的集合。

其他案例如拉茨的北杜伊斯堡公园，新层次的通道、路径以及水景与现存遗留的工业设施叠加并且交织，其中不同组成部分的区别是自明的，但又共同构建了未来的共同生长的可能，成为一种互惠的媒介。这种差异性的混合，贯穿在继承场地与发展未来的过程中。在混合的设计过程中，异质层化结构的特征及其边界不再是完全清晰的状态，部分层次对新置层次信息进行承载，而使差异之间具有更为密切的相关性。这一设计思想形成的设计结果，使主体更为倾向将其作为整体认知，而在进一步阅读中，对其特征之间的矛盾性又形成新的认识。

6.3 渲染差异：痕迹叠加与生成活力

这一类设计思想刻意强调差异之间的对比，甚至对差异性进行全新的创造。这种带有反叛精神的设计思想是为了抵抗完全理性与统一的设计形式，尝试以独立清晰的层化特征带给场所以意义的冲撞与场所的活力。

6.3.1 人工挖掘与复写

彼得·埃森曼（Peter Eisenman）与劳瑞·欧林（Laurie Olin）曾合作设计长滩的加州大学艺术博物馆，通过将一系列场地图纸进行信息叠加，整理成为一个"复合组件（composite assembly）"；通过定义场地历史上的三个时间点：1849年的淘金热、1949年大学成立、未来2049年学校成立的百周年，作为其图解来源，尝试创造一个在2049年被发现的场所，为未来的人呈现出曾经存在于此的历史信息片段；利用图像标志物、农场、校园、断层线、土地分隔网格、河流、河道、海岸线等几个信息系统，在尺度变化与旋转后，进行叠加和重组。在描绘历史信息的过程中，图解不再是单纯再现的过程，而是一个设计生产过程。埃森曼与欧林在叠加过程中，强调了每一层的平等关系，土地本身在建构中的片段中产生了无限的可能性，不同构筑与环境形成穿插。通过多重历史信息制造了不稳定性、含混的交接与内外关系；在整个设计中，对地质断裂线的表征与地表的切割等等，均是在景观环境的创造中探讨建筑位置与空间。设计中没有明确的建筑边界，建筑景观作为一体进行规划与表现；彩虹桥、钻油井架、海岸线与河流作为历史信息的表征，已经无法被清晰定义其内外属性。

在设计生成中，几层信息的明确清晰的叠合过程，映射了曾经存在过的农场等信息，每一层信息以十分平等的方式结合起来，文本化同时重叠带来的主体感知也同样平等。七个图形信息构成了整体形式语言，但是这些信息从原有语境中脱离出后，进行了自我指涉的、句法结构上的变形，每层信息不仅保留着意义，却也揭示了其间的矛盾关系，成为一个远离过去甚至远离现实语境的再现与符号系统，或可以被称为虚构的历史。设计通过外部驱动力（external source of motivation），有可能是与项目并没有直接相关的主题，转译形成新的内部驱动力，呈现了一种自治性。

这一过程被埃森曼称为人工开挖（artificial excavation），过程着重强调了对踪迹（tracing）的叠印关系，在语言学与结构主义的影响背景下，其形式过程具有语法逻辑。在这一过程中，场地深层的含义被挖掘出来，实现了人类学意义上的"意义的深入挖掘（digging for meaning）"。科纳认为这个项目里的图示具有形式的生成性，而不是只限于场地分析。

人工开挖显示了一种虚拟的"复写"的空间状态，但同时在其中体现出了多层信息可以先天得到共存，在设计之初，设计行为就揭示了被隐藏的信息，展示出可能被抑制的部分。在维克斯纳视觉艺术中心（Wexner center）的设计中，埃森曼把每一部分设计都作为可视的复写的部分展示出来，利用两层网格体系，并且使两个系统同时可见。欧林作为景观设计师，将种植等景观元素体现在分离又共享的网格结构当中。户外的菩提树与银杏树通过不同秩序进行叠加，表征不同系统的秩序，结合显现了模糊多系统的结构与场地中的军械库塔（armory tower）。塔的基础在原有实际位置上被铺装与墙体进行标记与强化，塔的重建又展示了场地的"隐迹文本（repressed text）"。其他的类似作品同样通过重写实现多样的变化，显示出解构的特征，在明确与杂乱的叙述中间，揭示逻辑的和修辞的矛盾，揭示隐藏和被压抑的信息（图6-4）。

景观为一个动态且并不稳定的物理、生物与人类学相关因素的结合体，并形成了一个独特不可分割的持续进化体，景观本身作为复写叠加的整体，可以具有不同特征与形态。Daniels、Barnes和Duncan分析了多元文化主义（multiculturalism）作为动力对物质景观带来的复写式的影响。Van Aschee 与Teampǎu将城市景观作为社会互动过程的展现，包含了对文化多样性与民族种类的关注。城市空间的复写过程显现了城市的空间时间发展历程与地方特质。不论是自我指涉的人工开挖，还是复写过程，都是基于多重观察点的分析与创作方法。复写过程中，叠加的空间层次并不一定与旧有层次相关，甚至可以在内容与语境上是无关的。同时，由于擦除和再次书写强调主动性置入，场地的逐渐改变并不被视为复写的层次，复写被认为具有明显并置关系，层次本身

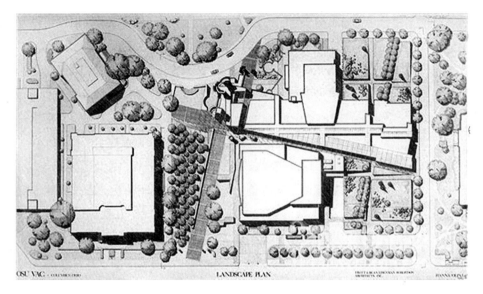

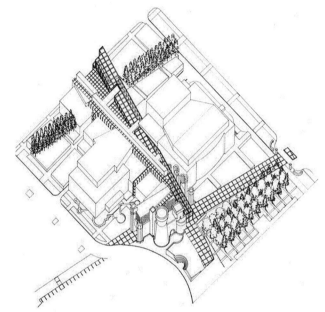

(图6-4)

的无关性使差异的关系得到了渲染，并且诱发了灵活与包容的形体结构甚至拓扑特征，摆脱了中心、集中的束缚力量。

"双重编码"、人工开挖、关注形式自身生成的价值、强调"先在性"以及表层结构和深层结构之间的关系。这一过程中的添加、分层、消减、交叠，所强调的是差异之间的边界、差异之间无主导的平等关系，以及彼此之间的不确定关系促生感知阅读中的震荡。这种二重阅读的效果主要不是美学的，而是成为一个深层结构的索引。埃森曼曾强调这一工作方法中叠合/叠印（superposition）是同延的，呈现横向分层的特征，比较德勒兹所提出的迭代（superimposition）这一更为区别图底的纵向分层思想，同延的处理强调连续的震荡和反馈动作，独立分层中不受到其他层次的控制作用，深刻地揭示了易被忽视的类比关系。人工开挖是从人的观念的形成开始，通过图解对场所进行分析、分解与组织，通过结构和不同尺度的辅助网格的变形，形成预先设计的不同层次的碰撞与反馈，这一工作过程较为激进地对重叠图形关系进行观察与实验，既是分析性的也是综合性的设计工具。

在人工开挖与复写的空间特征中，显示出了踪迹（trace）作为这一空间形态中的基本形式。例如复写过程包含了三个阶段：书写-擦除-重新书写，设计的层化就是在处理不同层的信息痕迹，将差异性合构成为句法结构的不同层，使设计景观承载有意义的内容。正如本雅明提出的，城市本身承载多个时间层的地质景观，城市的痕迹以冷冻时间的方式被保留，提供了漫游者的移动空间。在踪迹持续作用过程中，过去与未来本来不相容的事物可以相遇。除了本雅明，建筑理论家阿尔多·罗西（Aldo Rossi）也认为研究"踪迹"在城市中的存在是必不可少的。他认为城市的观察者为场所精神服务，任何一个城市事实都有一个综合的个性，从空间连续的历史痕迹变化中，产生了独特的特性。他使用"个性（dispositional）""形式的潜在价值（potential value of the forms）"的描述，来赋予城市过去与现在共存现象的合理性。例如，在卢卡的罗马剧场变成了市场这一新功能时，其地理结构虽然没有改变，但却形成了新的相对位置与功用。在这一情况下，从来没有以线性时间顺序联系在一起的情况和事件得以碰撞。

在踪迹的平行呈现中，透明性在对先天或者创造性的历史信息的差异渲染中被获得，其碎片可以表征全部。在景观中，它可以是历史的也可以是文化的。对于景观设计师来说，利用复写的概念作为一种手段，可以使人进一步认识到场地的内在价值。观察者可以借由踪迹的累积看到过去世代的所有信息，而这一观察方法不是朝向特定时间方向，而以环绕式与浸入式的方式对生活中的各种迹象进行复合的认知。它是一种隐喻性的概念，描述不断书写的信息层次。

人工开挖和"复写"所显示的"踪迹""层"的物理特征，以及相关的景观的社会性与个人记忆，从而提供"透明"的认知可能，也从无形层面影响着集体或者基于不同个人经验的个人与场所的联系。这一设计思想，通常将场所塑造成为上文所述的"时空体"，通过对层次的综合考量与差异信息之间的区别处理，引发多样的深层的理解。设计通过有意识地使场地固有价值被吸收进入新的设计系统，使主体在矛盾的价态与无法解开的混杂反应中得到感情冲击与深度认知。

6.3.2 事件-空间-城市

伯纳德·屈米（Bernard Tschumi）设计的拉维莱特公园，是现代主义作品盛行时期，完成的反叛性的后现代设计实践，在当代仍具有借鉴意义。在其空间系统组织中，摆脱了传统"功能-形式"间的必然关系束缚，强调了结构系统层间的冲突、碎片化、游戏性，而并没有将综合、统一、精心管理放在首要位置。由于设计使能指与所指之间出现断裂，因此形成了纯粹的空间句法组合以及语义上的多元性。

图6-4 维克斯纳视觉艺术中心的双层系统
（图片来源：LaurieOlin，1989）

这一解构式设计思想突显了部分之间的差异性，从而建立新秩序与系统，通过体现矛盾冲突，一定程度对场所感有所分解。屈米使用了格网与点阵，在交界处进行"Folies"的标记，Folies的功能不确定，且不是完全依靠著者意愿进行定义。这一差异性的系统结构，使公园被标记为一个特殊的地方，而同时又不需要在城市与公园设定边界，使人感受到场地与环境临接处的无限性。公园的流线，贯穿南北与东西形成交叉，成为城市中的基础设施。坐标点上的Folies与之穿插并引发了各种活动。他还为其他设计师预留了花园空间的设计空间，其出现沿路径分布为序列而之间并不产生联系，旨在制造蒙太奇的链接关系。设计提供了其他与公园不相关元素能存在与共存的设计结构，点和线的逻辑引发了重叠关系，例如Folies与场地的关系，或是大道在两个面的缝合中蜿蜒，串联叠加了他们本身的差异性。屈米在拉维莱特公园中的图解，这些图绘配合了平面的划分，描绘了标记系统，策划安排了多样的经历与活动。

其中，中介空间（in between）是若干系统中的间隙或者联系者，是异质要素交汇、事件发生之处。为了打破功用和形式的必然联系，设计指出功能与空间的非对应关系。针对"事件空间"则包含：无关、互惠、冲突三种关系，以及交叉程序（强调矛盾性）、跨程序（不兼容的空间组织）、反程序（所谓程序之间的"污染"）三种对场所程序项目的预设，利用多层次的交叠来支持程序的实现过程。这一设计思想持有的态度为：社会意义与形式创造经由事件沟通得以显现，因此是一种情境式的"程序设定"。

在竞赛的提交文本中，屈米论述了选择层叠系统的原因：将公园结构系统以无边界的形式叠加于城市之上并激发城市活力。拉维莱特作为城市公园考虑了其功能的多样性与并置关系，场地可以被视为一个完全被打散的建筑，但却叠加在了整个区域内，通过合法化建筑的历史，同时创造新的类型，将计划、形式、意识形态协同完整的发挥作用。解构的制定将为已建造、覆盖的、开放空间，通过"爆炸式碎片"的分解与内爆的集中与重组形成新的时空架构：点状的Folies、线状的人行通道、面状的场地，以及土地与砾石平面作为自由功能。为了避免某一建筑单体过于庞大，方案设计了多个分散的Folies，使认知主体与使用者具有最大的活动空间，强调了发现与促生更多项目与实践的可能（图6-5）。

德里达评述其作品的设计思想不是单纯的解构，而是具有"解构-重构"的互文性，公园中包含了不连续性、差异、解构、不稳定性、异质性。当时，由于新社会关系与技术的发展，所有人开始关注设计中的

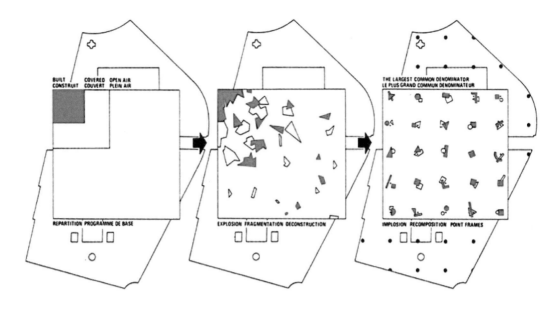

（图6-5）

文化转向，屈米则更多地关注图像与结构对空间组织的影响。他所作的Folies通过自我指涉而显示出与场地的不相关性与自由性。三个系统具有自身的逻辑，特殊性和限制，分别针对了物体、运动性以及空间，不同的系统创造了空间张力与公园的动态变化，给予其他项目极大的灵活度。同期库哈斯的拉维莱特公园方案，同样体现出了事件的组织，利用"中介空间"与"缝隙空间"引发不可预测、不可确定的事件，使空间结构之间的摩擦促使新的活动。

屈米所呈现的"自我制造"的异质系统，保留了距离与区别，聚集了差异性，没有遵从合成的逻辑或者句法的秩序，没有擦除或者模糊差异的特征。其空间组织反映了语言和言语的分离，屈米认为，由于语言和言语、符号与信息的断裂，而导致了一个差异的系统。每层的逻辑不同并且处于不同的空间，交错关系建立了他们之间短暂的关系，但他们仍各自处于平行、中性、独立的轨道上。屈米应用各种手法突显部分的差异性，从而建立新秩序与系统，体现矛盾冲突。从其布局来说，屈米舍弃了完整的场所感，利用分裂的形式去引发各种关系，容纳全方面的想象与新的多样协调的公共空间。从拉维莱特公园的破碎与差异，到对体验多样性的重视，利用"之间"的空间，诱发事件、提升场地活力，这一分裂式的解构重构过程，显示了清晰的空间结构差异性，使认知主体不断获得深层空间结构认知中的透明性。

这一设计思想也并没有过多的关注场地遗存与现实细节，其反叛性在于揭示了正视差异、并置差异，甚至制造差异的重要性。与拼贴不

图6-5 屈米对拉维莱特公园解构重构过程的呈现
（图片来源：Tschumi, 2014）

同，这种设计思想通过强调层化关系与差异之间的无关性（无关也是一种关系），而形成了多维的场所价值。拉维莱特竞赛的另一位设计者埃森曼利用"元"及相关句法，形成不同的结构系统，强调了片段、分裂，与立体主义绘画有着天然的关联，同样显示出"关系取代了实体"这一思想。

6.4 折叠差异：连续与流动

拼贴的思维在呈现出自下而上的设计优势时，也意味着无意涉及"连续性"这一概念。在更多的关注图底关系的基础上，它的二维特征与非连续性使其显露出静态的古典主义特征。这一认识促使很多学者转而关注动态、混杂的环境现状中的另一些处理方式，关注时间性与可感知性，其中包括折叠的方式。可以认为，折叠的方法仍然关注差异的存在与显现，只是选择了"连续性"呈现、缩小差别之间的变化值，为设计的出发点。

埃森曼与劳瑞·欧林合作的法兰克福莱布斯托克公园，以德勒兹的理论为基础，将时间空间随折叠而展开的过程物质化，形成了绿色与城市的结合，其结构来源于多维的网格（multidimensional grid）。其中的住宅区域，呈现了城市区域向自然的发展过渡，从房屋、公园，以及与森林相连的开放空间，形成了三个绿色分区，其中的折叠的过渡是设计呈现形式的重点，利用翻折、扭曲变形等褶皱，促使功能形式上的高度流动性。折叠常常将建筑与景观进行异质同构化的处理，使其同时处于"地表"这一系统，体现了重复与差异的强化及其转折中连续平滑的变化。这种景观和建筑的结合，探索了城市与自然"city and nature"的潜在关系。

欧林在景观中强调了这一设计思想，为社区提供了良好的生活环境与正面效果，设计在各个方向组织树木，在种植策略上划分公共空间与私密空间。索莫（Robert Somol）认为对莱布斯托克公园的阅读使人重新思考城市主义，联系了"偶发性（accident）"的理论，折叠成为生产过程而不是形式产物。

在这种空间处理方式下，地平面本身成为拓扑的事件结构，溶解与重构了所谓的标准、新旧、图底的关系，制造了差异的连续性，使人的活动与环境产生一种新的关系。莱布斯托克力图实现景观与建筑的形态同构，实现价值在空间维度的拓展与自生长，通过承认社会文化以及人的复杂关系，促进多样性、活力和更多可能性。折叠常常混合建筑与景观，同时处于"地表"这一系统。形成面的结合、紧缩与混用，促使穿插与融合。使用折叠的方式保留但同时统一了多样性，在社会文化与人的复杂关系中促进这种多样性的生长（图6-6）。

同样，西班牙加利西亚文化城（City of culture of Galicia）通过模拟扇贝壳形式，创造了新的地理轮廓，同样混合了建筑与景观，成为连续的建构状态。延续了Rebstockpark公园设计，叠加了网格、中世纪圣地亚哥市中心平面、场地等信息，在建筑与景观中使用更为平滑的

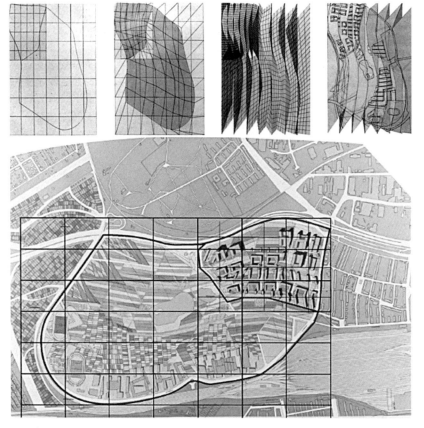

连接方式，以及不可分解的形式与建构景观。

折叠的设计方式一定程度上与艾力克斯·沃尔（Alex Wall）对城市表皮的阐述相似，城市表皮可以作为动态的、对城市变化有响应的，能及时反应社会事件的空间载体，可以作为城市的催化剂，支持丰富社会活动，解决和缓解面临的城市问题等。例如FOA所作的横滨国际码头，在一个连贯的系统中整合了差别的模式，成为无边界的景观而非限定的场地。横滨国际码头，就是内部与外部折叠的结合，旨在表达时间的复杂性（temporal complexity）与容纳全方位的想象，并且综合了德勒兹提出的"无机的折叠"以及"有机的折叠"两种形式。

格雷戈·林恩（Greg Lynn）认为，折叠关注连续性与平滑性，"力求将各种异质元素、复杂性、矛盾性在连续而又非均质的系统中，被整合成为统一体，并保持各自特性"。与此对应的，是后现代的拼贴手法，林恩认为这一设计方法容易产生不和谐和断裂的冲突片段，从而失去控制。德勒兹对平滑的描述为"连续的多样性""形式连续的展开"。保罗·维里奥（Paul Virilio）的"倾斜平面（oblique circulation）"，与德里达的解构同样追求对稳定单一状态的破除，以创造动态。倾斜平面并不是路径与通道，而是平面上所能引发的活动的多样性与不可确定不可预测性。在流动中，独立的单元消失，多维层次的空间互相沟通。不明确性让人处于对内外认知的模糊状态，显示出空间定义的暧昧，折叠的网络，让人无法清晰定义位置。模糊内外上下的关系，这种空间的处理方式解蔽了景观本身的内外结构、显示出了四维时空关系中的透明。

6.5 并置差异：串联与调和

并置差异的设计思想，是对场地的差异性要素的呈现方式持有较为中立的态度，其呈现结果暗含了"并行排列"的方式，这一方法尤为关注对差异性的排列与组成方式，不同于叠加、包裹的设计行为，并置强调了某种串联关系。

6.5.1 无关并置与关联并置

针对景观设计与文化传承相关的设计方法，朱育帆提出了"并置""转置"和"介置"的"三置论"理论体系，从地域文化传承的角度对景观空间结构与要素的组织关系作了全面、系统的探讨，旨在提出文化传承中新的设计方式理论框架。这一设计思路的关注重点是尝试解决全球化时代中的现代性，与地域文化尤其是非主流文化的矛盾，由此探讨了在全球多元文化发展中，中国园林的立足点与生长点。三置的方式针对不同的空间异质性要素的处理技术，从物质空间建构出发，探讨其作为文化、意义载体的构成，以及与环境的关系。

其中，并置的主要技术手段，是使场地中的新置与原置要素之间具有视觉区别的直接性、简易性、明晰性，不具有共同占有的部分，从而使差别较大的、不同属性的事物或结构特征的呈现方式更为明晰。这一做法的基本态度来源于文物保护与历史遗产保护中的特有做法，是基于文保价值观点中所必须显示的差异性而发展而来。这一设计方法根据新置与原置之间的关系即场地内差异要素的关联程度，分为关联型并置与非关联型并置两种。"非关联型并置"强调了无关性，不关注协同性。"关联并置"则强调关联与共同生长。同时，通过判断整体环境中新生场地组织结构与原结构的关联度，分为有机并置与无机并置："无机并置"中原置被视为参与性较低的"雕塑"单元。而"有机并置"通过整合新置原置，使其共同构成整体结构秩序。在这一思路中，整体性也是并置方法的评价标准。

北京金融街北顺城街13号院的改造设计中，设计师意在建立新置与传统原置的对话，对砖墙、建筑构架、屋顶形式进行新旧要素的并置处理。原置中历史信息，在"景深"中多样的维度关系中被激发出来。通过对两种灰砖墙，以及建筑钢构架的处理，设计显现出同质要素的异构并置特征，进而体现新与旧的差异。其中，两种灰砖墙的组织方式为无关并置，屋顶的钢架结构则共同形成整体结构系统，从而可被定义为关联性并置。设计从一定程度上促进了共同生长，而不是可以呈现冲突的关系。对新置、原置的关系推敲，是对场地已有信息与新增信息的处理方式与态度，基于场地特质、历史、文化意义，进行一种完整的真实显现，其差异性体现在了并置关系中的新置、原置层信息，在结构上通过关联，而形成单独价值与共有的生命力。同样的并置设计思路也体现在West 8在罗马遗迹中塑造的漂浮草坪这一景观作品中（图6-7）。

（图6-7）

6.5.2　异质体：公分母的调和

异质体（Heterodite）由拉索斯（Bernard Lassus）提出，目的是强调异质要素的美学价值及历史价值。通过引入异质性的布局形式，而形成景观意义连续的串联体、体现异质性（Heterogeneous）的多样体。拉索斯从视觉艺术与视觉实验出发，探讨空间布局组成，以及在视觉的美学价值与形式自主性之上如何引发文化价值和社会价值。这一设计方式正视了完全理性的乌托邦式的规划理论与错综复杂的实际人居环境之间的距离，由此还引申出：设计不是仅针对精英文化或是只有单一答案，而是需要为不同社会群体提供多种空间安排的可能性，延长曾存在于场所中的文化认知形式。这种设计思想强调非形式主义，非艺术方式，以及创造性的态度。

图6-7　罗马遗迹上的漂浮草地
（图片来源：West 8，2004）

作为莱热的学生，拉索斯在其影响下，使用"动直觉"的视角解决设计中的问题。他不断寻求画框之外的艺术形式，力图表现出了景观与绘画艺术之间的联系，也承认景观是更可触且实际的。其1995年所作的喀桑采石场高速公路景观，是一段具有两分钟驾车体验时长的，适应新景观需求的采石场景观。设计不是使用推平或者炸毁的方式，而是使用了刮擦岩石面的方法，建立视觉体验序列与连续的景观界面。道路两旁的石洞雕塑，揭示了采石场曾经的存在。设计利用形式变化创造异质性，包容革新的同时，又不损伤场所的特质。异质性空间比起同质空间对新事物更具有包容性，通过对历史沉积的文化差异痕迹进行发掘，试图将被遮蔽的事物再次呈现。

这一系列工作方法，来源于拉索斯的视觉试验，他使用了两种玻璃杯的排列方式，均质的与复杂的，并持续对初始布局引进新物体后进行主体感知层面的观察，其结果是异质的不同构成的景观更受人欢迎，即多样性比同一性更为欢迎。格式塔作用机制的参与，视知觉建构与组织物体的复杂形式，都对这一设计思想形成产生影响。在喀桑项目中，拉索斯还认为异质间的相互调和（inflexus）是必需的，他所提出的公分母机制（mechanism of common denominators）在这一过程中起到了作用。这一机制类似于格式塔心理学的分组和组合现象，通过对具有相同特征的岩层创建同质分组，形成完型（pragnanz）特征，而塑造有意义的若干整体，同时引发主体对可见却又带有"含混"特征的岩石景观产生不断的想象。在这种关注同质异构的并列关系中，他还强调了"身体性相遇"的工作方法，将设计过程与自身在现场的感知结合起来，将个人体验与空间中的内在异质性结合，形成了最终的空间布局。

柯南在对拉索斯的项目描述中，探讨了如何把景观美学的研究转向多文脉背景下的感知现象学。喀桑采石场的设计解释了景观创造的动态过程，并激发了不同文化背景下的景观创造方法。喀桑采石场高速公路的设计，在与使用者的互动中实现，这一景观创造视角，关注自然观的文化多样性，符合当今全球化与多文化社会的需要，指明景观美学的文化多义性不是设计模式，而是思维方式。如绘创作的相关观点关注构图法则和描绘对象，尽管拉索斯的相关理论来源于视觉构成，但其景观创造并不是依照如绘的准则，而是以与场所有关的文化态度，开启多元的文化视野，把景观作为一种联系过去、现在与未来的文化构成。拉索斯于1992年创作的Nimes-Caissargues的休闲度假区以及早期另一作品"Anterior花园"也都使用了并置的方法。其特点是，通过一种调和性的布局，将同质或者异质景观要素的差异形成新的布局体验，而使观者得到一种串联的、具有密度和编织特征的透明性（图6-8）。

1990年的丢勒里花园Tuileries gardens的重建设计竞赛中，拉索斯并没有不加批判的保留从十九世纪到现在不同时期的所有踪迹，而是选择若干历史层保留并强调了勒诺特的原始轴线。拉索斯使用的方式是强调历史与现在的对话，而不过度反馈历史形式。由于缺乏勒诺特时期之前的历史信息，拉索斯通过一个下沉的层次，通过竖向、处理方式以及铺装材料，表现出了不同的特征，通过使用不同高度与不同的铺装材料，显示出场地不同的身份特质。设计利用了考古式的方法：利用不同时期的5处不同园林表现不同外貌：16世纪信息位于地下0.8m，美地奇家族与亨利五世信息置于地下0.2m，勒诺特时期信息位于地表，19世纪景观信息位于地上0.5m，当代景观设置于地上1.7m。设计还将勒诺特的轴线延伸并且从视线上连接了拉德芳斯。两个花园的不对称与不同的台层，两个轴线的矛盾，创造了视觉上的模糊角度，暗示游客从主轴线上移动才可以重新获得对称。现存的平行的树林，暗示了轴线的存在。设计目标不是保守的恢复原有景观，也不是完全改变场所特征。丢勒里花园的修复和重新设计的投标竞赛虽没有获得实施，但它展示了对多层文化与历史结构的巧妙组织关系（图6-9）。

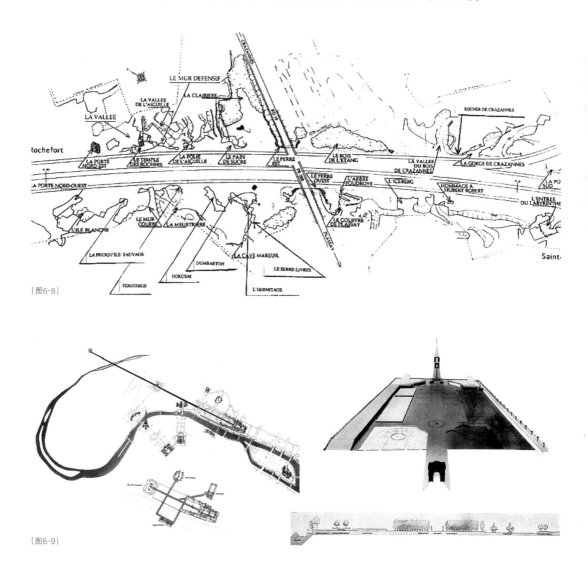

（图6-8）

（图6-9）

图6-8 喀桑采石场公路的岩石景观布局
（图片来源：Lassus，1995）
图6-9 丢勒里花园的改造设想
（图片来源：Lassus，1990）

这种手法关注每一个景观如何保持与过去的连续性，关注场所历史与文化社会群体的兴趣。景观作为一种文化解读，不断提示解读的时间因素。这一思想的出发点是维护风景异质多样性，而不是试图将所有的不同纳入到另一个统一的模型里；建立景观异质性，强调了分裂、差异、异质性要素的并置关系，尝试将碎片与景观意义、历史存在进行联系，并提供主体机会找寻到这种存在。场所成为多种文化历史的串联体。这种设计思想唤醒了对形式同时性的认知与多重视角的认知，从而引发透明性感知以及主体对自身的重新定位，在层叠时空的连续体（continuum of layered time and space）中形成感知的重建。拉索斯形容这一情形为"新的视觉（new optics）"，其中每一个片段不只在水平向与其他片段产生联系，并且还是自身实践的一个片段，因此人们感到的不只是物体的并置关系，还包括了不同时刻的并置。

拉索斯的异质体（heterodite）设计方法来源有两个：①福柯理论基础的影响。1967年，福柯提出异托邦的概念，异托邦属于不同社会系统中的大多数群体、最广泛的社会关系，各种文化通过异托邦找到自身的真实存在。在其影响下，异质景观注重的是时代产物中不同的景观留存，以及不同人群的审美与利益观，这一理论尊重个体并非生活在同质同向的抽象空间中，关注了场所中人的兼容共生的关系。福柯提出的"多元异质的空间"与异托邦（heterotopias）对乌托邦式空间的批判，承认了同一空间中并置若干不相容的内容，以及对时间的不连续性连接，形成异质时间（heterochronias）。②拉索斯还在异质性理论上进行了若干实验，对异质场与同质场的相对接受性和可感知性进行试验。通过研究感受性和异质性的相关理论，制定了一个新的诗学景观概念的工作范围，进行了一系列的实验。1976年的玻璃杯实验中，研究了视觉上的融合，认为人们仅从视觉角度上来说，倾向于接受异质性。

在其理论发展中，真实与抽象之间的关系在景观空间中得以实现，并成为重要的美学特征，也与社会责任不可避免的交织在一起。异质体的方法以美学与构成为基础，但并不是追求视觉的自主性，拉索斯所提倡的对景观的阅读，除了实现同质的统一，另一方面是重视差异并实现异质的统一。异质体解释了历史的碎片信息，与多种视角、"生成（becoming）"的内部叙事建构。这种异质体之间的统一体现在三个层面。

（1）从审美质量来说，异质体依赖于内在形式的对比，以多重对比形成一种布局形式的工具。拉索斯在早期受到莱热的影响，之后又受到梅洛-庞蒂的现象学的影响。他从莱热继承下来的目标，让绘画摆脱画面限制，在景观中找到了生活方式的转变。不同于绘画空间，景观空间供人居住并是一种从内部探索的空间形式，拉索斯用"特征空间（espace propre）"的概念描述概念空间与具体空间的交互关系，认为只能由身体经验而产生理解。他的视觉实验，还受到格式塔心理学、伯格森（Henri Bergson）、查尔斯·拉匹克（Charles Lapicque）等人的影响，通过强调作品的内在异质性挑战整体布局法，之后实现了在三维空间的超越。

（2）从文化意义来说，具有异质性的景观，允许最大程度的想象力的被刺激与参与。拉索斯通过操作"景观转折（landscape inflection）"来实现异质景观的串联，他强调了形式与空间的关系，意义从场所时间特征中的一部分显现出来，阐释了景观体验经历中产生的个人想象。喀桑矿区的设计就极大程度鼓励了使用参与者的个人想象与景观体验：意义在运动与多样性元素的叠加过程中积累。异质体还强调场所的历史性碎片，在碎片的并置形成的整体中获得新的发现和认知。某种程度上，寻找历史真实性，赋予了某些个别文化的优先权，不可避免使得特殊历史片段和少数人所持的诠释视野被强化。而与此相反，异质体给予了一种新的诠释方式。

（3）对主体多元性的关注。当时的社会环境使不同文化面临适应世界文化多样性的需要。后殖民时代由不同语言和文化传统的流动性人群组成，因此欧洲社会试图提高文化差异性，因此拉索斯认为公共空间应该包容现有与未来的文化差异。他所做的视觉调查表，对本土色彩的研究，是对多类人群的视觉整合与传统色彩的尊重。其目标就是想创造一种人居空间的新方向，向一个具有更多文化多样性的社会开放，通过将部分统一成整体，形成片段之间的内在规则，在当代社会的特殊生活环境下，利用多文化碰撞进行创造性实践活动。但比较遗憾的是，理论中对多元主体方面的极大关注并没有在一个具体项目中得到特别有针对性的阐释，也从侧面反映了设计实践掌握主体认知中个性化倾向的不易性。

对于场地中的异质性与差异性，究竟应该使整体服从于感知同一性，还是更关注多元化片段的问题，拉索斯认为异质体回应了这种两难的处境，通过内在差异的显现吸引观者，制造模糊概念来刺激想象力，引导观者认识创造性的图景。通过利用公分母机制，控制它的多样性归属，形成次级分类与转折"阈"的设计，使差异性各自归入到统一性整体之中，重视整体布局与同质的同时，同样对差异与自由给予重视。异质体的建构并不是文本叙事性的，而更具有诗意和拼贴特征，主体可以在此过程中形成自己的感知。这种透明性体现在对事物的相同与不同之处的探索，利用串联结构实现对形式差异、历史差异的包容。

6.6 基于差异显现的设计思想对比

本章对关注显现差异的相关设计思想、代表人物以及相应的实践作品进行解析与分类总结。表6-1从价值观、问题出发点、关注的物质层次/维度、使用句法、关联方式（场地、环境）等方面进行对比（表6-1）。

概言之，整合差异是以新置和介入的方式进行，仍具有整体决定论的价值判定，但不主张减少复杂性与多样性，或是抹平和制造同质；渲染差异通过制造对比关系与距离，刺激新的多样性与活力产生；折叠差异为了平滑连接差异，模糊了界限与内外关系，创造了一种同构关系；并置差异使用开放、中立的方式，以一定视觉规则，使差异性在一定范围内串联并存（图6-10）。

其中，艾伦为了激发场地活力和完善城市的基础设施，利用一种后拼贴的思维，来整合复杂关系；领土景观关注了环境对场地肌理的影响与综合；霍伊斯里提出的城市设计视角中的"透明"组织方式，旨在创造属于多个系统的"枢纽"部分，对城市的碎片与特殊元素兼收并蓄；科纳提出了种群理论与"混合/杂交"的设计组织方式。在此基础上的整合，不是抹平式的统一，而是通过新置与介入的方式，创造与其他异质要素的关系。在语言学与结构主义影响

表6-1　　　　　　　　　　　　　　　　　　　　　　　基于差异显现的不同设计思想对比研究

设计理论	透明的形式组织	复写与人工开挖	折叠	异质体	事件-空间-城市	后拼贴	无关/关联并置	领土景观	混合体
年代	1982	1986	1990	1994	1996	1999~2001	2007	2008	2016
代表人物	霍伊斯里	彼得·埃森曼、劳瑞·欧林	彼得·埃森曼、劳瑞·欧林	伯纳德·拉索斯	伯纳德·屈米	斯坦·艾伦	朱育帆	朱建宁	詹姆斯·科纳
价值观	空间秩序与要素的完整与统一	关注场地的谱性与踪迹；具有形式的自主性，在此基础上形成场地深层结构的索引	空间维度的拓展与流通与自生长	维护风景异质多样性，强调身体经验。关注视觉实验-布局组成-文化价值	解构重构，通过创造景观结构的重叠，激活新的事件	空间统一与流动性	文化表意与传承	领土文化特性	混合杂交的综合体；关注场地的厚度
问题及出发点	城市破碎空间组织，城市脉络的冲击	抵抗表象的美学特征。形态影响地价值的一种人工的考古	象特市的场态有发人工的考古	以美学与构成为基础，但并不是追求视觉的自主性，关注人们对差异性本身的视觉倾向	打破功能与形式的连接，创造事件空间的联系与自由度	城市历史、生态与景观基础设施	场地新置与原置的关系	地域景观的肌理	通过扩张与编织强调水平影响与多价性。关注新要素与源形式
关注层次维度	水平维度，转换垂直方向	水平-空间	空间	空间、时空体	空间、时空体	水平维度	空间	水平维度	水平-空间
使用句法	编织秩序、连接多个空间系统。空间网络的多向组织与协调融合矛盾	信息的重叠与层化累积，可以是历史的也可以是文化的要素	时间空间随折叠而展开。关注生成过程与生长，平滑的链接重新构建标准关系	基于动直觉的相关并置方法，而非叙事，使用异质之间的相互调和	解构、事件、情景。蒙太奇的组织方式。关注格网与点阵	叠加性，整合性，具有厚度的组织方式	无关与关联的并置	肌理的融合	场地本身存在一种不可避免的厚度，作为生态文化的交叠综合体
差异要素	差异、断裂的空间秩序，场地不同时期的建构，一般有两套或以上正交网格或其他参照系统	不同的历史信息与结构的交叠，或者不同表征信息的空间结构。以时间性为主要观察点，具有书写、部分擦除、再次书写的时间特征	异质形式与功用，利用差异思想基础上的折叠形式表征时间的复杂性	场所的历史碎片；景观的内在异质性布局	利用格网、点阵作为辅助参考，形成完全新置的若干结构层次	碎片的历史要素与不同的"地表"基础设施	不同时期的地域与文化空间要素	不同的环境肌理	不同场地历史要素与不同功用
驱动力	空间秩序的整合，强调整体性，是综合的思维过程	形式自主性：外部驱动力转换为内部驱动力	异质形式之间的联系性，以平滑连续的形式引发多样的活动	提供丰富认知与身体经验	日常生活与情景主义	景观作为改善城市的媒介，进行统筹叠加	文化传统与场地特质的保留	地域景观文化的尊重	场地历史的接受以及环境改善
关联方式	1两种或两种以上的参照体系的缝合，创造铰接及过渡。2空间中的多个系统完全重叠	"双重编码"：不同系统的直接碰撞与平等关系，关注分层的横向同延，创造中介空间	功能形式上的高度流动性，翻折、扭曲、变形促使功能形式上的高度流动性	序列并置、通过设置异质调和与公分母机制来调节并且显示差异性	突显部分的差异性，从而建立新秩序与系统。体现矛盾冲突	叠加与整合，具有厚度	原置不加修改、新置进行区分	外部环境的秩序与肌理的揉入	要素的杂交与混合、进行纵向分层与同构化处理

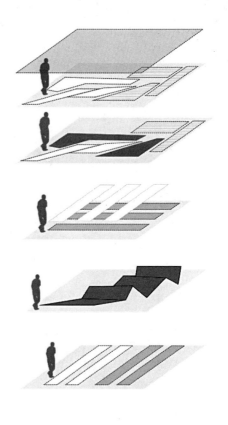

整合差异

以新置和介入的方式整合，
不是抹平差异和制造同质。

A 竖向秩序整合

B 平面秩序整合

渲染差异

制造差异之间的对比关系
与距离，刺激新的多样性
与活力产生。

折叠差异

平滑连接差异，模糊了界
限与内外关系。成为一种
同质结构。

并置差异

(图6-10)

使用串联、排列布局的方
式使差异性在一定范围内
共存。

下，人工开挖、事件-空间的设计思想与方式，利用双重编码对差异性进行制造、渲染与对比，创造"冲突"式的关联，强调单层结构的价值，利用其间的摩擦与震荡，激发新的场地活力。与此相关的空间复写方式，同样强调了时间作用下，场地的"书写-部分擦除-再书写"这一过程，体现了"不要全部擦除"的环境伦理与设计价值观。并置差异的设计方式，以串联、排列、调和为主要目的，形成无关或者共生的空间组织关系。这一思想并没有否定整体决定论或过于强调局部的作用，而是以一种开放的态度展现差异。异质体（Heterodite）强调当代视觉结构与形式引发的多元阅读，利用特定的调和方式，抵抗完全的碎片化与无意义。对差异进行不同处理的设计方法，建构了不同的时空架构，因此也从不同角度体现出了透明性的特征。

通过总结四类显现差异的设计思想与相关设计师实践，可以发现，不同背景的设计师对景观空间的观察维度不同，因此所进行的设计行为有所不同。在视觉拼贴艺术影响下的霍伊斯里，从平面角度入手关注空间秩序的调和，化解差异秩序之间的冲突与矛盾；建筑背景的艾伦、屈米、埃森曼等设计师，显示出对场地的极强控制力，利用空间结构的创造、重构来传达哲学层面的思考，形成新的社会场域；拉索斯在艺术背景下从关注空间布局、景观美学传达等方面，在其不断实践中转而关注社会多元性与场所文化意义。当代环境下，景观师从场地认知与文化觉醒的角度进行相关探索，其景观设计实践也在不断吸收其他学科的思想，转而影响自身，内化形成景观领域的新的知识，进一步指导实践。

图6-10　不同建构思想影响下的差异性呈现

9 8 7

第 7 章

基于差异显现的设计路径与方法体系建立

在离散的多元时代，各种事物之间的差异使我们周围遍布不完整的片段。完整统一的意义是相对的，与此相对的差异却也促使了活力与进一步发展，以更真实的面貌反映了生活。荀子所提出的"解蔽"，从一定程度说明事物的显现与可读，对整体认知产生作用。西方语境下对环境历史呈现的伦理判断等等，都论证了显现差异这一设计行为在特定语境下的合理性与发展趋势。20世纪90年代到现在的景观文化转向，进一步形成了基于主客关联度相关认知的设计价值观，而不断引发学者对场所（place）、场域（field）等与"人"这一主体的认知、使用相关的理论探索，使设计师更为关注和强调对意义、文化、功用等诸多层次的解蔽而不是遮蔽。差异显现作为一种设计行为的出发点，建立在设计师的价值判断之上，包括对少数人文化的重视、尊重场地存量等。同为显现差异的设计方法，对应不同时期的设计语境与设计需求，又包含了整合差异、渲染差异、折叠差异、并置差异四个类型。本章以此为前提，进一步深入探讨基于差异显现这一设计方法的具体构成与工作路径。

前文论述了透明性作为景观设计结果与空间现象的呈现、相关认知方式的发展，及其景观语境中的定位。通过联系显现差异这一设计思路的相关思想与方法，其价值得到持续论证。本章针对差异显现的设计方法进行方法库与工作路径的建立，阐述了"透明性"在其中的导向作用，以及如何实现基于景观三元关系的主客关联度的价值扩展。在对案例库进行分析时，建立了透明性的呈现深度与建构方法的联系。可以认为透明性的呈现反映了设计结果带来的极高主客关联度，并在特定视角下显示出了设计智慧。透明性的正向价值与导向作用对当代问题作出反应，形成基于差异显现这一特定设计方法的评判视角。

7.1 设计生成契机

首先，透明性作为一种空间感知结构，其空间表征与设计行为介入场地的方式、契机直接相关。设计最初对差异的判定、显现时机，奠定了不同结构关系的形成基础，例如置入（insertion）、叠加（overlay）、叠印（superposition）、交织（interweaving）等。总的来说，在显现差异的景观空间建构过程中，包括三种基本的出发点。塑造：主要来源于设计行为本身所呈现的新置之间的关系；介入：利用和引入环境空间结构或肌理信息，对场地新置造成影响；揭露/解蔽：主要关注场所信息所形成的原置、新置的关系。

（1）设计过程中塑造差异结构：自上而下的、完全由设计师构想好的设计结果。以丰富的空间体验或是哲学、社会学含义为首要目的，通过安排差异结构之间的关系，带来新的场域特征与活力。例如埃森曼与屈米的相关设计，不仅使观察者产生一种对空间形式反复阅读的意愿，带来了不同的认知，形成了"阅读"的乐趣，更利用空间结构本身的独特性，形成结构层之间叠印的同延关系，引发了多种事件、激发和创造了新的社会场域。

（2）修正过程中对现实结构的介入：尤其是对于非景观结构的现实进行拼贴修补，以期在小范围内的修正和改造实现大范围的调和与收益，利用新的景观异质结构的置入，实现战术意义上的激活。不同于设计决策过程的"环境分析""环境借用""文脉影响"，这一出发点是直接利用并处理环境中的矛盾之处，从现有环境的空间系统寻找差异性要素组织的依据，再以"差异"的置入和辐射，化解混杂与失序，例如霍伊斯里的城市空间设计方法。

（3）叠加过程中对差异的解蔽状态：不同于大多数建筑设计，景观设计的落地会显露出更多原有场地的信息并且使其成为设计的一部分。为了找回我们所"丢失的一种在日常生活与文化中，看待与理解景观深刻意义的重要方式"，在设计中完全抹平场地的做法越来越少。景观作为重塑（remaking）场所的工具，首先面临的选择就是"解蔽"还是"遮蔽"场地历史信息，不论是自然、工业、政治方面形成的场所痕迹，最终形成形式、意义、文化的再塑。在这一过程中，原置信息本身具有的逻辑系统得以原样保留或转化，并且以较为有力的身份特征参与到新置景观要素的叠加过程之中，设计行为的主动性主要表现在对所有信息的取舍选择与结构重组。从场地叠加过程中呈现的差异性显现，主要表现在原置（场地的结构与要素）与新置的关系上，例如对场地原位留存的信息进行混合、关联性或无关处理；以及对场地原置进行处理与移位，实现结构的重组。

例如巴塞罗那罗维拉山的景观改造工程，将高射炮炮位、自建棚屋的地基、地砖、台阶以及部分墙体以保护性的栏杆重组，增加新的公共空间功能与游览功能的同时，对历史信息进行映射；再如恩瑞克·米拉莱斯（Enric Miralles）设计的圣卡特纳市场（Santa Caterina Market），市场本身处于建筑遗址之上，为了创造新的公共空间，完善公共设施、改善城市环境，设计师置入鲜艳的波浪形屋顶，以色彩曲面营造出新旧建筑间可能对话的中介空间，新旧共构共存。

7.2　设计路径及透明性的导向作用

吉迪恩认为，伟大的设计师均是使用了转向内省的眼睛进行创造与工作，透明性之所以吸引人的感官，是他们对图形与空间线索的重叠过程中保留了所有结构的"完整"，而并没有抹除和削弱任一个层次。所有线索同时存在，平等而存在于彼此之中，而不会产生互相剥夺。对差异的解蔽体现了当代景观语境下的建构思维过程与工作过程的新视角，正视差异之间的关系，是一种对人与空间的互动状态、文化价值、场域形成的内省的思考与创造过程。

"透明性"对景观空间建构的导向，不仅有助于形成这一设计方法的工作路径，还有益于建立单项设计目标，即设计行为对场地介入，从结构主义的角度关注了差异性要素-单层结构-差异结构的三层组织方式。通过联系差异之间的基本语义、句法结构、空间链接，共同构成"差异"视角的景观时空架构，建立场地与认知行为主体的联系。对"关系"的判断和创造中，"句法"和"语义"是表征差异性的最好手段，其多样性来自不同群体对场地的周期演绎。

具体来说，透明性的导向作用包括：差异结构之间的独立与交互作用的平衡（互相借用、共存却仍然独立）；同质结构之间的可连续性与意义传达的有效性（主体形成完备有效的认知）；层间关系的调和产生续存力与活力（认知与使用的多种可能）。透明性的价值判断，导向了多元结构系统与差异要素中主客体的亲近关系，避免失序与混乱对主体认知与使用带来负面的影响（图7-1）。

在此基础上，建立设计路径如下（图7-2）。

（1）确定价值体系：辨别场地信息的嵌入方式，从场地本身以及环境的结构系统两方面进行判断，形成整合差异、渲染差异、折叠差异、并置差异的方法选择，根据场地信息建立同质或异质结构的空间模型。

例如丹麦PARK and PLAY的停车场乐园设计，基于整合思维，改造废旧停车楼。通过结构网格打破了立面的过大尺度，同时显露停车场结构，新的结构系统置入植物系统，使绿植体系参与到立面形成，通过公共楼梯的穿行，栏杆的连延，与屋顶游乐场构成整体的空间系统。而埃森曼在威尼斯的坎纳瑞吉奥（Cannaregio Project）方案中，则是强调柯布西耶曾在此场地进行设计却未实施的医院方案，形成一种虚构的考古，柯布西耶的医院网格坐标显示出虚构与不在场的状态，以一种隐喻意义影响整体系统的创造。

（图7-1）

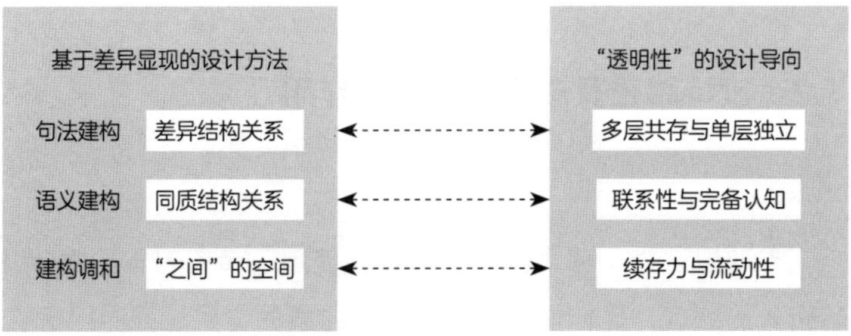

基于差异显现的设计方法		"透明性"的设计导向
句法建构	差异结构关系	多层共存与单层独立
语义建构	同质结构关系	联系性与完备认知
建构调和	"之间"的空间	续存力与流动性

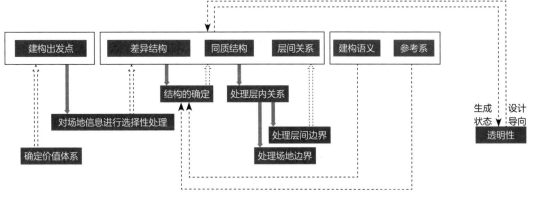

（图7-2）

（2）对于关注场地原置的设计方式，对场地信息进行分类、选取与剪切：通过存留或者创造，建立可见与不可见的关系、可见部分与可读部分的联系，对可见的差异性进行初步组织。例如对环境与场地本身的空间秩序、肌理、要素的处理。

（3）结构的确定：利用参照系统的控制作用，串联或者限定设计要素。参考系统中的曲线上的切点或者格网点作为"图钉"，起到了结构上的锚固与限定作用（而非整体限定），通过形成张力，防止要素与意义的漂移或游离。在此基础上，选定特定的技术路径，形成交错或者叠加的空间结构系统。梳理结构的层级关系，使用辅助系统例如辅助网格、辅助结构线、连接点与阈限切片进行提取分析，确定结构体系的缝合、嫁接、叠加、叠印或者置入等关系。

（4）建立同质结构的联系性：同质要素在空间架构中的联系性与组织方式，与可读性直接相关，一定程度决定了场所意义与功用的有效性。

（5）处理"之间（in between）"的空间关系，对空间结构的连接部分进行处理，建立转接处的秩序。关注景观结构"共有"领域的复杂意义和流动性，进行重新配置与调整，利用"厚性""间质""孔窍"的建构要点提供场所与人、空间不同层次之间的厚度、丰富度、高效性、流通性，以及多维的空间联系及社会场域。

（6）最后，主客交互关系的建立贯穿于整个设计行为之中，力图增强人与场所的关联度，存储场地易丢失的感知信息。正如"透明性"概念本身所蕴含的主客两极的认知方式，关注设计与建构过程中的主客距离，既实现对空间的整体把控，又同时以一种身体空间的现象学角度进行思考，利用主体感知视角对方案进行调整与填充，使认知主体在空间中对任何层级的组成部分都能参与，导入自己的语境，体现自身的规则，得到多元的阅读过程。

图7-1　基于差异显现的设计方法与透明性导向
图7-2　差异性显现的空间建构工作过程示意

7.3　设计参照系与图解生成

　　在建筑语境中，网格是常用的辅助参照体系，这一特点在建筑师的景观创作实践中仍有所延续。对比下，景观空间中的参照体系更为丰富，与之相关的景观图解的生成作用通过关联场地本身结构与图解形式的驱动力，摆脱固定点与中心式的视觉特征。透明性本身的层化特征，拼贴的创作思维，帮助设计师建立关注层化空间的思维方式。可以说，图像对改变景观所起的图形和认知的作用，其关键不在于设计师采用哪种图像，而在于该采用或发展哪种成像活动。层化叠合、拼贴、谱记等图解方法，作为设计生成的途径与方法，解除符号化的图像认知状态，解除惯性、固定的语义状态，成为批判性的设计媒介和手段。

　　（1）网格系统。利用网格（grid）的隐喻体系，控制层化结构。拉维莱特公园的Folies系统，欧林与埃森曼的若干合作项目，是将不同结构置于相应的格网系统，意在建立清晰的差异结构层次与层间关系，确立单层结构的同源性（图7-3）。

　　（2）结构线的控制。将结构线的叠加作为其形式来源，例如米拉莱斯的若干作品。对比埃森曼的网格，"米拉莱斯线条"利用特有的曲率变化，显现对场地的控制张力，不少学者研究这一设计形式，分析了变化曲率的弧线结构对场地的隐含性辐射，等等。情景主义国际对米拉莱斯的影响，使他更倾向于建立一种游历、交叠的时空情境。对于米拉莱斯说，结构图解并不是一种再现表达，而是图解推导的设计生成策略，不同于对场地要素的现有逻辑与要素原封不动的继承，他选择从场地中抽象化以及提取出若干线索，形成特有结构，在此基础上叠加其他

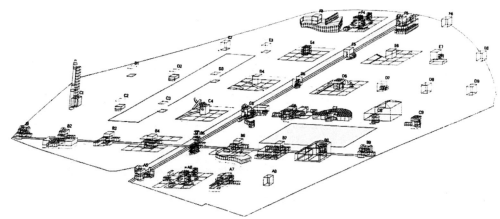

（图7-3）

差异性的结构体系。例如蒙尔利特色彩公园，将外部社区建筑的形式引入，使用曲线结构对其进行串联，进而叠加色彩平面、金属丛林等其他主题结构（图7-4）。

（3）场地结构逻辑留存。场地信息有着较为明确的显现，并可被梳理、强化形成清晰结构，形成"社会性地形（social topography）"，设计行为在梳理这一现实的基础上，叠加新的结构对其做出反应。如西雅图煤气厂公园的工业遗存，经过了设计师的主观选择与连接，形成了新的工业遗存结构。对场地原有特征的提炼、重构、再现，构成了场地深层的结构特征，使其更易被主体辨认。

（4）主体行为活动的预期与置入，关注身体-空间的活动关系。利用主体活动的谱记方式，调和了可识别形式和观者想象的关系。通过预设运动作为动态的关联元素，将图像框（帧）、镜头空间组成若干图示再现。不同于心理地图与图表，动态谱记表达了时空图像，通过预设认知主体不断的自我定位，加强了空间结构与要素之间的联系。

为了研究场地现有物质信息，科纳和邦休顿（Raoul Bunschoten）使用游戏板（game board）工作界面，分析层叠关系以处理差异性。科纳对Alvsjo这一斯德哥尔摩郊区社区进行规划时，制作了一个矩形灯箱通过透明形式，拼贴叠加不同层的信息，由此产生了多种可能性的重叠方式，即建立异质结构关系的模拟过程，辨别层叠信息之间的关系，而非建立宏观的整体规划。科纳利用这种叠加的行为与"元"的组织方式，将场地、网络关系、结构、项目、交

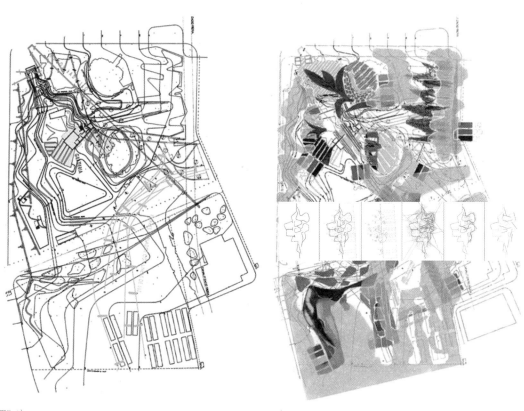

〔图7-4〕

图7-3 拉维莱特公园的网格系统
（图片来源：Tschumi，2014：74）
图7-4 蒙尔利特色彩公园的多层结构系统形成
（图片来源：Enric Miralles，1996：208）

换性五个层次的景观要素与基础设施，以每层次20层具体信息的方式进行叠加，创造出了100多种不同的叠加可能性。虽然这一过程主要对景观构成要素的不同物质系统层次进行叠加（不同于本书设定的视觉与意义上可类比的差异性要素），但其思维过程仍提供了一种建立空间关系的实际方法。

邦休顿同样通过游戏板提供场地不同信息的层叠，形成开放的分析平台，使其多样空间要素的层叠关系具有生产性，而对新的建设提供多种可能。他还使用了抹除（erasure）、来源（origination）、转变（transformation）与迁徙（miragation）作为观察城市空间与活动的要素，捕捉空间的变化，从抽象意义转向至物质空间中，利用烙印（branding）、接地（earth）、流动（flow）、整合（incorporation），探讨与大地的互动与接和，以及新的机制与旧系统的拼合、嵌入、叠加，揭示出一系列垂直关系，从而构思平面层次的决策与行动，增加了空间的深度与意义（图7-5）。

可见，不同于正交视角的直接洞察，层叠的生产能力更强，这是与景观设计结果的"透明"呈现直接相关的一种思考、建构方式。正如景观自身，作为连续做功的平面，不断在多个机构和时间作用下，进行擦除，分层，重制。层叠的图像不是描述性的展示完成项目，而是计划制定过程，并且展开、表现了特定表述维度的信息。混合的图示技巧引领了景观空间的形成，层叠与分离的方法表现了多样性的时间，并且与场地生长更好的结合。从信息累积到拼贴层叠的工作模式，不只是粘合碎

（图7-5）

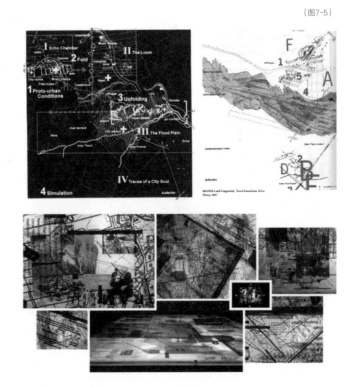

景观透明性与基于差异显现的设计方法

片，而是系统化的工作过程，使景观空间关系形成综合复合体，呈现动态联系。可以认为，场地空间的多样性与异质性呈现一种互相纠缠的状态，无需分辨层级的归属关系，类似于德勒兹提出的"连续性平台（plan of consistency）"，指出空间主体的多样性与物质空间的异质性，体现并被整合在连续开放的框架中。

设计师Anuradha Mathur和Dilip da Cunha在景观设计过程中，对场地的原有水体、土地特征进行分段，进行连续剖面的拼贴呈现，标示出事件发生的区域，对景观特征有着深一步的重构性的分析。这一种带有主观意识的图解、标记过程，建立了与设计行为的直接联系。

景观由于很强的在地性以及场地信息的嵌入，不需要确切的能指与所指关系，而更多是基于"物-境"空间的组织，通过嵌入、重置，实现多样的聚合，开启新的创造性与可能性。

7.4   差异结构的句法组织

乔伊斯在其作品中将文学叙事性发展到了时空的综合，通过跳跃式的描述，塑造了一个极其"关联的"时空式的想象，揭示"在关系之中思考"的认知方式，导向了动知觉引发的时空体结构，实现了语义性图像到句法结构的转换。结构主义一方面保留对形式的关注，一方面又希望能够找到比形式主义更为系统和科学的方法。可以认为，"透明性"的概念核心就是关注"关系"而不是物体本身存在的性质，物体到关系的转化是形式建构的新的索引方法。若是将建筑师与画家表达结构的方式相对比，可以得到这样的结论：柯布获得图像方式类似于莱热，特拉尼的方式更为接近马列维奇，不能否认，在柯布/莱热作品中显示出了更多对结构的考虑，这也是罗更为推崇这一空间组织方式的原因。

对景观来说，结构关系的建立更为重要，场地信息的本身的多元化与混杂化，必须通过合理的逻辑结构建立，保证空间与场域信息的有效传达。从整体决定论，到"整合观"中对局部价值的关注（局部可自我生长、局部影响整体、局部之间具有联系），表现了对待差异结构的不同态度，包括以下几种关系：①置入（insertion）：形成局部与环境的关系，场地的局部秩序从环境秩序中提取证据并进行组合，存在设计时间差的交叠，常使用穿插的方式；②叠加（overlay）：直接在现有结构上进行全部或者部分的叠加遮挡，在其上方进行覆盖或者整合；③叠印：区别于有厚度的叠加，叠印是一种横向的同延关系；④连接与混合（conjoin）；⑤并置、平行（juxtapose）：利用并存与对照关系，对比显示差异性；⑥扭曲交织或者镶嵌，其中一层结构只能从另一层之间显露出来；⑦互惠的，生长的，其中一种显性元素结构使得其他结构逐渐浮现与生长，而隐性要素包括景观的可生长要素，例如植物；⑧形成动态的互换与交流。

本节基于差异在当代景观空间中更为明显的"异质性"特征，分析了三种构建景观差异结构关系的基本句法：异质的结合（异质同构、异质结构），包括置入与杂交；层化的结构（异

图7-5　邦休顿及科纳的图解工作过程
（图片来源：网络）

第 7 章
基于差异塑现的设计路径与方法体系建立

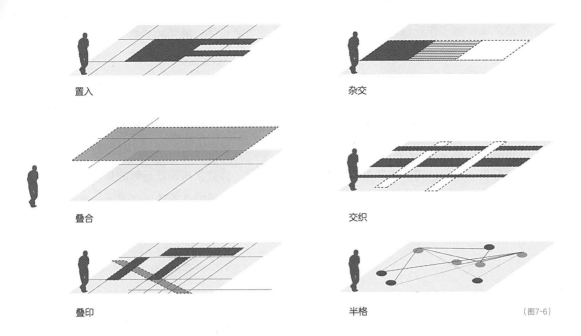

置入　　　　　　　　　　　　　　　　　杂交

叠合　　　　　　　　　　　　　　　　　交织

叠印　　　　　　　　　　　　　　　　　半格　　　　　　　　　　　（图7-6）

质结构），包括叠合、交织、叠印、半格；时空的串联与链接（异质结构与同质异构）。不同于建筑与艺术创造所能轻易达到的纯粹性，在实际景观空间塑造中，这三方面可以单独应用或者组合应用（图7-6）。

7.4.1　异质的结合

罗曾在拼贴城市理论的论述中，反对不经提炼的直接吸收城市空间的各种矛盾。他认为，将异质元素融合于一个结构中的方式应该在一种更有深度的层面进行，其中所有元素经过了"提炼"，并且允许和鼓励实体被提炼而融入一种普遍的肌理或基质中。对城市与环境的"肌理"与"基质"的研究，表现出了一种结构式的思维。

在景观语境中，异质的结合包含了整合差异与关联并置差异的若干可能，从更新与置入的角度来说，是刻意通过使用保留脉络与骨架结构（vein、bone）、合并、转化、叠合、映射（reflect）等方式处理场地原有信息。例如高线公园的高架栈道对新的景观植物、设施与公共活动的承载，将异质性的交通轨道与种植池、铺装等新的景观要素，嫁接、整合在了同一结构中；再如Rebstock公园的规划中，叠合处理新基地与旧环境，模糊新与旧之间的差别，制造不露痕迹的从旧到新的链接。这些不同时期的、原置与新置之间的异质性，借由整合的方式，被组织在统一结构中，得以产生共同作用与价值，而同时又使其差异特征得以显现以示区分。这一组织过程更接近"后拼贴"的方式，区别于在分离的文本中引入新的文本这一拼贴式思维方式，也区别于独立、无关性的并置手法。

北杜伊斯堡公园这一案例，也充分体现了这一句法结构的特点。事实上，由于其特大尺度的系统特征，设计师在改造设计中应用了不同的结构关系进行景观空间建构。其中，设计团队在前期利用大量时间进行场地信息的梳理，包括对遗存建筑进行记录、设定预期的功能和需求、对影响进行评估，划分了"需要进行设计改造"和"原样保留"的两种设计导向，将人工与自然的二元要素关系，扩展为基于场地建造的（built form）、保留的（unchanged）、衰败的或毁坏的（overgrown or ruinous）三元关系。新景观结构对旧有遗存的借用、碰撞与对比，使其差异结构之间产生整合与分离的不断摇摆，例如攀岩墙与游戏滑梯对现有墙体既是穿破也是利用。其中的重要方法还包括对结构与特殊形式的分离考量，对于决定结构的要素，需要尽可能详细的去制定规则，使其无法被轻易的改变，但保留被扩展和精简的可能，因此可以引发自我干预而不改变概要的核心图示（图7-7）。

具体来说，其中的铁轨公园就是充分利用了现有结构的承载力。场地中的各种铁轨线路分布广泛，呈现为辐射的伞状或者平行的束状，分布在矿区、烧结厂、高炉区等。与此同时，货运铁轨和下沉区的连接桥体、烧结厂的高架桥、桥体与路堤波动起伏犹如竖琴状的状态，被拉茨认为就像是特有的大地艺术作品，以极大尺度的蔓延，并集合了上百年的工程设计的成果与智慧。新的路径部分利用原有轨道进行设置，结合高架桥成为坑体上的步行道，形成新的交通流线，对包括台阶在内各种要素进行再利用，设置路堤的穿行。拉茨从竞赛阶段开始，一直保

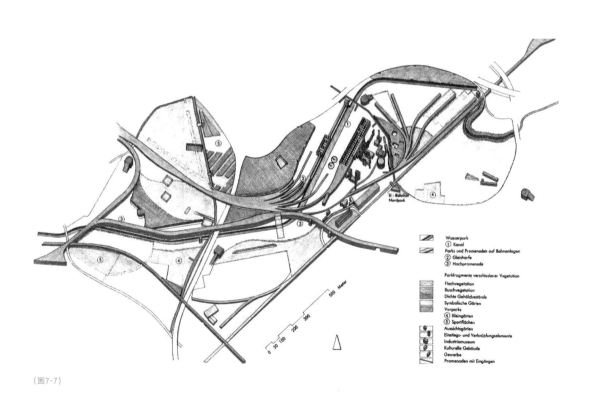

（图7-7）

图7-6 建立差异性结构的句法
图7-7 北杜伊斯堡的差异结构组织
（图片来源：Latz，2016）

留原先用来储存生料的坑体，将遗迹置入新的公园系统中，并且更进一步的将其设置为展览园（Bunker Gallery），除了部分保留了旧有设备之外，还提供了大的空间，设置抽象艺术的花园、野生植物花园、冒险攀岩的游戏设施。拉茨认为，墨守成规经常会导致解决新问题的失败，而新的设计方法常来源于其他学科，比如建筑与视觉艺术。在设计过程中，这些方法被景观要素化，从而得以应对新问题。

通过结合异质的差异性，设计主要关注了词语本身的关联和多义，跳跃性的拼贴，物与物之间的关系存在流动性从而引发诗意。为了增加空间连续性与空间效益，"城市表皮""毯式都市主义""景观都市主义"的思想都体现了对异质事物进行同构连接的思维方式。科纳对当代景观理论的思辨过程中提出的根状茎的结构特征，认为它是结构中的任意两点间的互相联系，无法判别其开始和结束，并持续生长和蔓延，显示出平行的多样性与中间状态。通过异质的结合，仍可以使人辨别出异质要素之间的差别，由差异要素的交织使人获得感知上的透明性，而统一结构的连接，增强了整体特征与功用有效性。

7.4.2 异质结构的层化

差异的结构关系更为脱离彼此，自我独立，由此形成层化结构，使认知主体对交叠的单层结构可以形成清晰认知。层化的差异结构包括线性（点、线、面）与非线性（半格、根状茎），并且主要以非等级的结构进行关联。正如里伯斯金所绘制的创作图解"micromegas"，无数系列的层叠的投射线条互相连接，呈现均质的特征，对等级结构层次化的传统进行了反叛。

亚历山大所提出的半格化结构，则是互相交叠而互不干涉的存在状态。他提出不同于树的结构，半格（semi-lattice）是一种更加复杂的模式。对于"树"的思维模式来说，一片树叶仅可能存在于某一个树枝之上。而半格的系统特征在于，所有的要素不止归属于一个结构系统。要素之间互相缠绕联系，有着错综复杂的交织结构与重叠。对于景观空间来说，由于与城乡居住环境的密切结合，其复杂的环境本身就具有部分之间的错综关系，而造成非等级的结构特征。

层化本身涉及了单层之间的关系，如独立并置、相互映射，或是交叠纠缠。埃森曼的双重编码，内外脱离的同时，又形成互相包含与共享的部分，空间韵律被水平与垂直的休止符所切分。其长滩艺术馆据此设计过程体现了空间形式的自主性，其生成过程无关人类尺度，以表现结构之间的隐喻关系。可以说，埃森曼的操作序列中的变形、分解、嫁接、缝合、蒙太奇、尺度变化、旋转、倒置、叠合、移位、叠动，均是在自治性的建筑建构话语中产生的结构要素，不完全具有景观空间营造的适用性，需要批判地进行选择。

相似的，屈米的设计方法尝试抹除视觉构图或空间功能的限制，利用"双关语"，为形式的偶变性与生长力创造出机会。拉·维莱特公园的设计，从外部历史转入建筑文本内部创作，解构后进行重构，文本之间具有互文过程，异质结构主要表现为对差异性的渲染过程中。正如拉维莱特的其他设计方案中对"程序生成"、不确定性与快速更迭的关注，将城市与建筑的逻辑同时解构与重构，其设计目标确定了空间暗含的运动联系。事件与时间在这一过程中被重新认知，不同于历史视角中对叙事化的重视，屈米的后结构思想是对叙事和线性的突破。

在具体的层化结构设计中，屈米设置了120米间距的点状网格，将Folies依照网格秩序置于其上，因此形成了所谓的具有共同特征的"分母"，而预期发生在其上的事件各异。Folies均按照长宽高各12米的立方体作为基本形式进行建造，或是设置建造三层的中性空间，可以根据需要改变功能。Folies的重复过程发展出了清晰的符号系统，具有强烈的可识别性。其中，点阵系统不仅是一种简单的创造领域识别的工具，它还可以支持分散化的设施结构；线性结构连接了Folies，包括南北向通道与东西向通道，并且利用一条5米宽的开放路径穿过这一组织，一并连接了场地中的各个功能场所；通过一些随意弧度的路径连接主题花园，并与主要通道形成交叉，形成了一些不可预见的交汇，形成新的空间节点；通过面状的活动场地的设置与安排，在其他剩余空间中铺设砾石或保留裸露的土地，提供可自由开展活动的场地（图7-8）。

（图7-8）

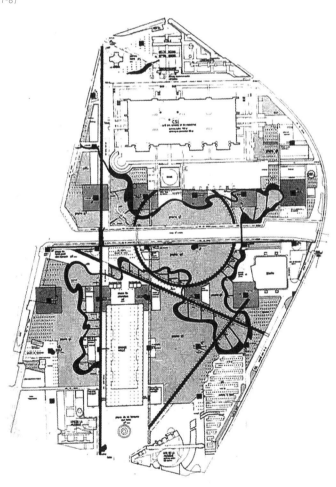

图7-8　拉维莱特公园的点、线、面层化结构系统
（图片来源：Tschumi，2014：71）

层化的结构在北杜伊斯堡公园中也得以呈现。并且，拉茨对于层化的处理方式是非序列的，其设计聚焦在重新定义和解释场地中的元素，重新定义、重新定向的过程又构成了新的景观层次。除了新旧结构层次，杜伊斯堡公园中还包括依据实际遗存信息设计的五层景观结构，在其交接处设计了特有节点。在线性系统的构建过程中，铁轨花园、水花园、城镇大道，以及延展性的种植系统作为信息的承载体，具有信息传递的极大有益性。同时，它们还具有单层结构的独立性，通过逐步将空间进行"破译"并且创造联系，使景观空间能具有可理解性。由于三层线性系统不在同一竖向界面，而可以更清楚的得以辨认，铁轨公园及其抬升路径位于最高位置，最底层是下沉水花园，城镇大道在地面层。一些种植板块并没有被路径连接，旨在形成不被干扰的自生长区域。第五层系统是连接要素，利用坡道和台阶作为物质连接，借用远景作为视线连接。公园中的五层系统并没有被有意塑造成为一个结合紧密的实体，而是保留各自的意义，并具有独立生长的可能性（图7-9）。

基于此，可以认为设计师在设计过程中需要仔细辨识景观场地的多样原材料，批判地分析和组织历史信息，设计行为也需谨慎处理可类比的异质结构及其层化关系，通过了解景观可以传递何种意义和怎样传递，建立与观者的互动关系。

(图7-9)

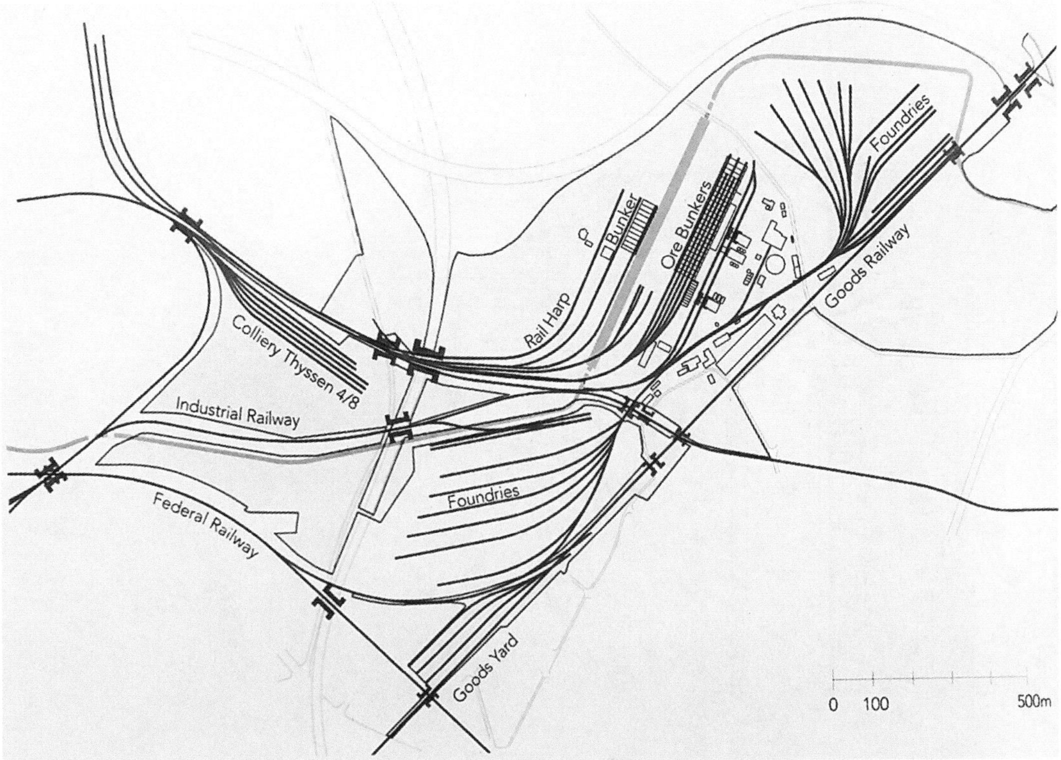

景观透明性与基于差异显现的设计方法

7.4.3　时空的链接

　　时空的剪辑与连接与四维空间的形成直接关联。蒙太奇的组织方式，通过时间的作用，进行跳跃式的剪切，使拼接的情节摆脱了线性序列，并实现转换。同质异构的形式例如拉索斯的岩石景观布局、内外空间中的穿插交错，本质上都是针对同质事物进行结构上的安排与串联，从时空关系的建构，使观者产生了完整与变化的空间认知。绵延的时空状态，强调了空间无法与时间脱离，事件是由空间、行为和运动叠合而成，应该用行为、身体运动这些社会性上的意义取代简单对应的形式功能的概念。

　　上文提到的拉维莱特公园，既具有层化的点线面层化结构体系，同时也具有主体认知过程中的超链接。电影大道就是有力的佐证，即将场景的"放映"与观者行进的步行道相对应，事件形成了主体线性，部分发散的序列系统，每一帧的印象，都与先前存在或者之后承接的部分产生联系、加强或改变。整体的结合形成了多元的解读而不只是单一的事实，每一部分既是完整的也是不完整的，暗示了空间使用的不确定性，并且可与他们显示出的意义呈现出分离的状态。帧的设置允许不同部分的叠合，形成电影中的闪回、跳跃、渐隐，因此，在景观中，可使用植物等方式对视线进行引导、切断和再组织，等等（图7-10）。

　　再从北杜伊斯堡公园的物质空间的链接组织来说，拉茨还提出了一种设计观念，区分了"内向"与"外向"的空间。可以这么认为，杜伊斯堡通过建立外向空间的视觉联系链接了外部环境，这些视觉形象较为侵入性的构成了场地的外部特征，吸引了外部关注。因此利用全景图可以展示出这一信息间的联系与外部形象。同时，内向空间并不会提供过多外在视觉信息，而是需要主体在内部进行游历与碰触才可获取，这是"场所质量（quality of place）"的重要组成部分。设计团队将全景图作为工具进行分析，帮助评估要素信息的种类与密度。图解中分别标示了外在性信息空间以及内在性信息，内向空间与外向空间共同构成了认知主体在其中的身体体验（图7-11）。

（图7-10）

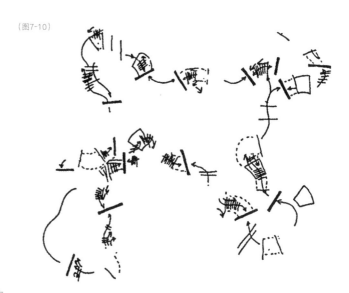

图7-9　北杜伊斯堡公园铁轨公园的铁轨留存结构
（图片来源：Latz，2016：42）

图7-10　屈米对空间事件组织的示意
（图片来源：Tschumi，2014：132）

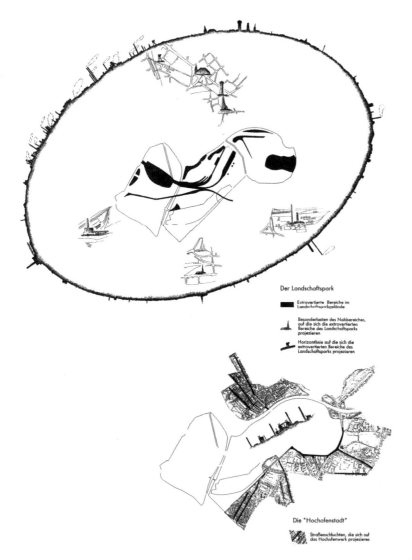

Der Landschaftspark

■ Extrovertierte Bereiche im
Landschaftsparkgelände

Besonderheiten des Nahbereiches,
auf die sich die extrovertierten
Bereiche des Landschaftsparks
projezieren

Horizontlinie auf die sich die
extrovertierten Bereiche des
Landschaftsparks projezieren

Die "Hochofenstadt"

Straßenschluchten, die sich auf
das Hochofenwerk projezieren

（图7-11）

景观透明性与基于差异呈现的设计方法

7.4.4　时空压缩与时空拉伸的辩证关系

哈维在探讨"时空压缩"概念时，提出"现代主义者们借助蒙太奇、拼贴技巧的手段创造出共时的效果，将承认短暂和瞬息是他们的艺术的中心"。这种批判性的视角，一度使人们反思对空间信息的一览无余在日常体验中的负面作用。但不可否认的是，密斯的全面空间、日本建筑师的超平美学（super flat）等，其平面化表象中三维意义的存在，使我们快速感受到世界的丰富与完整、隔阂与分离。

从20世纪30年代起，哈佛运动引起了景观领域的认知转变，詹姆斯·罗斯（James Rose）反对鲍扎的轴线体系，认为人们观察世界的方式已经发生改变。他在设计作品中展现了连续性的、运动的、诱导性的、随着运动的变化而形成的流线。"现代主义运动时期，经过了从围合到内外连续，再到空间是身体的延展的认知转变。"同样，在中国的特定文化背景下，古典园林中建筑与园林先天具有极高统一性，建筑与园林相互融合，具有丰富的空间层次与空间深度、微妙的分隔与连通关系。在市井有限的空间中，由于空间的连续与渗透，使其作为身体的延展，增加了观者体验的过程，扩展了感受的范围。

对于三维景观空间来说，通过一定方式对异质层化结构进行解蔽与建构，可以通过内部时间与外部时间的相互作用，进一步形成体验空间的拉伸。对比罗和斯拉茨基的透明性理论，差异性的层化要素汇集于一层浅空间界面之上，景观中的透明性通过空间建构中对界面的确定，视野的引导，以及对压缩维度的控制，通过主体身体运动又形成不断的感知时空拉伸。利用图像不断的瞬时作用，主体自身的连续思考过程、身体知觉的积累，引发观者观想的持续完型过程。这一点和吉迪恩所推扬的新的空间感受、包括内外贯通以及空间运动感相一致，力图打破空间中心性与封闭性，体现动态关系。

也因此，景观空间中外部时间的植入，促成空间发生错位时的体验。通过建构相互关系，实现空间的拉伸，使观者关注当下的"自我"内在时空的延缓。穿插与交织、延展式的空间交接方式是可推导的、具有漫游性质的，其游走路径是对静态审美的消解。外在空间节奏的游离，修复和释放了人类的内在时空。正如前文所论证的中国山水画的空间，同样提供了可游的空间，呈现景观与空间、时间、运动、身体、意识之整体不可分割的联系（图7-12）。

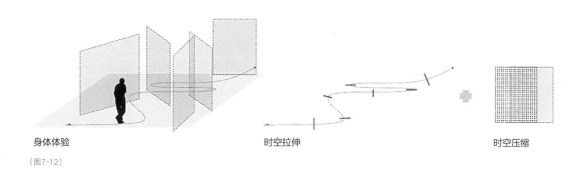

身体体验　　　　　　　　　　　时空拉伸　　　　　　　　　　　时空压缩

（图7-12）

图7-11　北杜伊斯堡公园的内、外向空间的全景分析
（图片来源：Latz,2016：153）
图7-12　层化结构中时空压缩与时空拉伸的辩证

通过异质层化结构的确定，可以使观者获得不同的内部时间累积，不断置入时空压缩与时空拉伸的铆接关系之中，进而引发多样的认知、行为，反作用于并形成社会场域。例如北杜伊斯堡公园的形成，在结构安排中对原有生产逻辑的保留与关系重建，使得主体可以了解到场地的历史原貌与新型生活空间的交叠，其中引发的行为活动又进一步促使新的场域的重建。

7.5　同质结构的语义构建

斯本（Anne Spirn）在论著中提出景观是一种语言，景观具有意义（meaningful）和表达性（expressive），引发观者的阅读和反应，通过空间图像实现在环境更替中的心理重建。句法不能脱离词汇及词汇之间的相互作用，景观空间的差异性还引起了语义与语用层面的多元化。从乔姆斯基的转换生成语法可以了解到，表层结构是我们视线可达的地方，深层结构则指代一种关系性，是背后暗含的抽象规则，具有广泛的表层转换可能。在语义建构过程中，需要考虑如何组织主体可以感知掌握的外在要素，使其经由心理的重建而获得深层的意义与本质。不同于追求纯粹句法结构的建筑作品，景观由于其社会责任与学科特点，很难做到完全的自我指涉与环境断裂，因此仍需要建构完整有效的表意链。

可见（visible）与可读（legible）之间的关联，取决于同质要素之间的关联有效性，基于此，景观才能提供积极的内涵、隐含、联想意义（connotation）。罗和科特倡导城市空间的连贯性，认为坚实连续的空间基质为形成互惠的环境与特殊空间提供很大的余地。从体验角度来说，空间在内部时间的形成过程中，同质部分一般也会存在体验结构中的变化，例如体验景观语境中的转换（transition）、阈限（threshold）、通道（corridor）、片段（segment）、方向（direction）等等，这都提示着在层化结构关系的辨识之前，需要对同质结构中的逻辑进行梳理，通过同质（层内）结构的逻辑性来包容差异、控制拼贴过程中的失序与混乱，以形成体验有效性。即通过同质层内要素关系的确定，使表意链得以完整化。

整体来说，同质结构中包含着基于不同逻辑的建构过程，例如叙事逻辑、均质逻辑、拓扑逻辑、重现逻辑。可呈现出：均质、集群（cluster）（密集或分散）、串联、拓扑、充填、叠印等具体的组织形态。部分要素可以通过重现（restoring），修复（rehabilitating），重塑（reinventing），改造（transformation），分解（decomposition）进行结构的重组，再与其他要素相连接。同时，同质结构与异质结构还可以通过杂交与混合，实现互相转换。例如层级的合并，使得异质性合并成为单层结构（图7-13）。

针对层内同质要素的组织，许多设计师借由特定的结构秩序进行空间要素的链接。例如米拉莱斯从场地的地域特征与场地本身发掘获得隐含的结构信息，将其从被遮蔽发展为解蔽状态，并与设计要素发生关联。相关设计中使用非常有力的结构线来串联、锚固与限定具体要素，避免拼贴中的漂移、失序与无意义。同时，线作为限定结构的辅助系统，仍具有生长发展

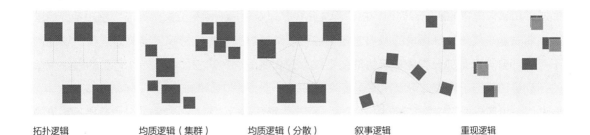

| 拓扑逻辑 | 均质逻辑（集群） | 均质逻辑（分散） | 叙事逻辑 | 重现逻辑 |

（图7-13）

分裂的潜力，而由此获得"无序、无等级、反统一"与"偶然、复杂、混合"之间的平衡。同时，他还会采用一种拼贴思维的设计方式，不断在设计过程中揉入新的差异要素和突破思维定式，利用蒙太奇的组合方法，引发偶然和随机性。

具有"透明"特征的景观是将内在关系进行外在呈现，景观作为非语言的结构呈现在场所本身的"故事"当中。在异质结构作用下，景观意义极少为单线叙述，而是使主体在过程中得到多种解读（multiple readings）、从景观本身获取意义或者故事的多样性。在景观要素安排中，对隐藏的意义、悬念、过程进行揭露形成解蔽的状态。多种要素的集合显示了对多元叙事的包容性与开放性，在本土设计的场地，历史保护与更新等与记叙相关的手法，多呈现了开放的意义结构，展现"多个故事、多元的声音集合的地方"，而不是封闭的叙事定义景观（如主题景观），异质结构中形成的故事的交换、开放的话语甚至反叙事，都为景观表意过程留有剩余空间，而产生进化的力量。

需要分辨的是，对多重意义的组织，主要关注其本身结构的逻辑与意义，而非针对符号学意义。特雷布曾提出的，究竟设计师可否控制景观意义这一议题引起过大量探讨，语义构建失效的风险在于，设计语境中的"叙事化"常常会削弱场所本身的逻辑价值而成为"故事叙述"，因此更多的依赖符号、标志，以及其他过于"详实明确"的细节参照，使场所意义被附加、挤压成为扁平的故事线索。代码化的场所形式表现不断被摒弃，而来源于场所本身的信息在环境语境的定位下会更具有支撑，显示出厚度和"反复阅读"的可能。"显现差异"这一语境的设计方法，将对碎片信息进行有意义的连接性，作为构建其结构的衡量准则。与此类似，埃森曼曾明确反对所谓空间的象征性与符号意义，等等。

Joy Monice Malnar, Frank Vodvarka在论著中还提出了语境感知示意图（Contextual Precept Schematic），描述了感知组织的过程：主体通过先前经验产生记忆，针对感知偏向的要素重建内容组织，由此

图7-13　同质结构的构建方法

第 7 章
基于差异景观的设计策略与方法体系建立

形成感知整体内容的系统；同时，由伦理文化模式以及语境法则构成文化调节，感知系统经过文化调节器形成对文脉语境的感知。场地的可读性通过图像直接影响这种感知过程，场地的不可读部分与隐藏部分构成场所的复杂系统，并在深层次影响主体的感知。可见的错综复杂的元素经由某些组织方式可以产生连接的秩序感，通过某些感知的方式可以形成认知和记忆，通过使可见部分形成较为清晰的心理图片，而产生场所感，这其中，隐藏部分也就是不可见的"神秘的部分"也对主体获取意义产生作用。观看与阅读透明性的方式，连接了历史与多样性的多种可能性。透明性的导向作用在于：使设计行为将同质要素进行连接，建立可见与可读之间的关系，使主体可以借由表意链的完整（不一定是可见要素的完整）形成有意义的深入认知过程。

正如拉茨在设计北杜伊斯堡公园时所考虑的，结构与形式的不同特质，形成了相应的景观要素组织标准："同质要素组成单层结构，而定向要素（orienting element），是结构要素与特殊要素的中间层级，作为特殊要素的语境支撑其存在"。拉茨的这一解读，暗示了结构系统对场地的支撑作用。例如，新置路径跟随原有的铁轨线设置，加强轨道的线性结构，高炉等主要遗存物作为特殊要素置入场地，而遗留的墙体、残垣、连接设施被保留作为定向要素，提供特殊要素以意义支撑。在现存要素和特殊要素不易被解读时，定向要素可以作为支撑要素将主体观察指向特殊要素，或者对特殊要素进行框界和加强。从这一角度来说，语境成为主题认知中的决定性要素，特殊元素的大量复制则会导致空间认知的碎片化和失效，基础结构的支持才会使特殊要素的存在发挥更大的表现力。基于此，拉茨将遗迹存留的主要结构作为骨架，包容吸收了很多异质的景观要素与活动设施，强化与场地特质密切相连的景观结构的刚性。

后现代转向以及文脉主义，是基于过程的，具有解构性、去中心性、不连续性、关注差异与多元的特点。对于景观，尤其需要整合多种文化，通过联系碎片的城市空间，将城市景观最有意义的异质性呈现。主体不再是感知和叙事的接受者，而是沉浸并关注空间所支持的不同参与方式，使自身产生一种参与营造意义的自我意识。

7.6 "之间"的关系：时空架构中特殊维度的观察

时空压缩的一个副产品是对所有事物的同时揭示，而后现代的一个激进的观点就是对所有事物的通盘接受。在景观空间的建构中，无法去严格设定一个"包容"的标准，但是通过探讨时空架构的三元关系及其有效性，利用不同组织形式，可以抵抗其负面效应，在景观空间中的透明性的语境框架中实现其正向价值。同时，景观较其他艺术形式具有更多的灵活度与不确定性，不是严丝合缝的精密仪器。设计者通过策略性地建立一个良好布局的场地，可以将消极和局限因素转化为积极和具有潜力的因素。

景观三维空间的各种组织方式，很难将其明晰的定义"具有"或是"完全不具有"透明性，更多情况是由不同设计方式所导致的呈现程度的不同。从设计价值来说，透明性导向的设计方法的反面，为统一、理性、完全受控的设计结构，以及对差异性的有意遮蔽与隐藏。从特定设计方式与设计结果来说，其反面为无法有效处理差异之间的关系，而呈现出混杂、无序、失去意义。从这一角度说，透明性对设计方法的导向，存在新的维度与关注视角，通过对差异结构关系的修正和调和，以最大程度关联主体认知与场所现实。

同时，单层结构与异质结构中，均需对边界进行处理。例如拉维莱特公园的层叠结构本身的连续性，形成了流通、隐形的边界，以达到更好的适应和应用。利用渗透的边界（porous boundary），允许功能在时间中改变形成灵活的界限，艾伦在阐述毯式都市主义时也认为具有孔洞的边界加强了水平的流动性。层间结构还包括清楚的划界与分隔、重叠的边界、共享的边界（正如透明性中反复提到的边界共享），通过边界共享，使重叠的空间产生互相依存的关系，其他方式还包括通过片段的意义连接而形成概念的边界，等等。

基于此，本研究提出"之间"的关系，对异质结构的边界发生共享互渗的过程进行细化解析：其中，叠加的信息与共享的界面及感知投影界面引发了"厚性"（图A区域）；差异性要素的边界从咬合、松动，到产生松解并产生间距，引发了下一层级的结构与空间，从而引发了"间质"（图B区域）；在同质结构与异质结构边界产生流动、互动与映射，从而引发了"孔窍"的产生（图C区域）。需要说明的是，图7-14主要表达抽象的景观异质系统，并不指代实际物质建构关系（图7-14）。

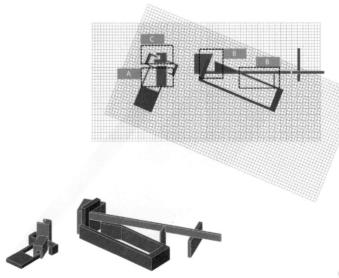

（图7-14）

图7-14　基于差异显现的层间（"之间"）关系的抽象示意

7.6.1 构建厚性

厚性的物质呈现形式主要为"共线"与"共形"，显示出了意义的不断积累，抵抗了碎片化与无意义。这一概念的提出来源于透明性最初在视知觉领域被广泛探讨的"边界共享（marriage of contours）"。可以说，罗所提出的现象透明性，就是对"浅空间"影响下的图形边界交叠的集中探讨，即不同建筑部分产生了交叠，形成了共有的部分，共有部分参与到了不同结构部分的形成当中。这一概念结合景观的现实语境，与科纳等人提出的景观厚度（thickness）可以建立直接的联系。

科纳认为，景观的厚度可以体现在历史厚度、物质积累等方面。从物质状态上来说，地质、土壤、水文、基础建设体现了厚度，从时间过程与综合的生态过程交互来说，也具有厚度。在不同物质的关联过程中，景观空间状态与关系不可避免地在时间发展中改变，而设计师以不可避免的外来性，参与进入这一过程。科纳所提出厚度的概念，从克利福德·格尔兹（Clifford Geertz）在民族志与人类学的研究角度的深描（thickness description）以及艾伦的"具有厚度的二维"发展而来。格尔兹通过区别无意的眨眼与有意的眨眼，描述示意动作的眨眼可能是在传递某种信息，而展现出微小的文化。二维的厚度更多关注基础设施城市学视野下的空间，即包括了基础设施要素融入整体景观营造的可能性，以及"多维空间的整合"。在此基础上，场地本身存在一种不可避免的厚度，也因此，景观具有极强的适应性与包容性。

从景观的传统意义来说，它是处理水平表面的艺术。建筑中有形的表面是薄的与非物质的，景观中的表面则具有厚度、物质性与行动性的特点，形成交织包裹的复杂关系。景观这一结构因素，可以不断形成基于当地真实性的美学资源与历史厚度，使场所自我成长历史得以呈现。1991年科纳所号召的解释学的新的方式，认识到"意义的危机（crisis of meaning）"，去思考已知事物之外的东西。在景观复兴文集的系列文章中，科纳与其他学者坚持对"场地的挖掘（excavation）"作为批判性的文化实践。众多作者都强调了场所过去生命中带来的厚度并提出解释性的实践，强调了显示痕迹与遗存的重要性与伦理价值，例如后工业遗存对场地的重要文化意义、引发创造性设计过程的可行性。在土地利用更新中，通过强调景观作为"文化中介（cultural agency）"这一态度推动了创新的方法，使被压抑的文化历史作为设计产生的阐释性起点。在全球化进程中，不断产生杂交的城市与全球文化流，文化本身也不再被认为是静态的。为寻找个人与集体特质的表达，势必产生"冲突的边缘与范围"、磋商与调和。从依赖于后现代语言视角的具有深度的平面，到后期"分期形成的表面（staging surfaces）"概念，景观都市主义的理论其实也延续了这种思想模式。景观开始被作为思考城市空间的单位模型，作为城市发展中的基本媒介，通过主动循环组织空间，以绿色基础设施的方式参与空间的形成。

多洛蕾丝·海登（Dolores Hayden）提出深描作为批判性的民族志，关注的是场所感知与政治，目标是扩展场所中的公众历史，形成公众新的认识与参与。艾莉森·B·赫希（Alison B. Hirsch）在科纳的理论基础上提出了扩展的深描（expanded thick description）"，暗示了广阔的对全球文化流的蔓延与根植本土文脉文化意义的深入探寻。对比了文化地理学与文化景观所关注的深描，是诠释性、解释性的行为，而不是中性和客观性的描述。

城市化驱动力不断加深着失稳场地的形成，影响了城市的社会网络，多样、异化、碎片化的产生，对景观空间深描的过程是全球影响力的地方本土化。在时空压缩，城市不断失稳的状态中，"扩展的"与批判的"深描"，进一步针对工业化与全球化对特质历史意义的影响提出问题。一方面，虽然这并不代表景观师需要承担空间中社会空间与文化叙述的全部责任，但是利用显示场地过去的存在，可以激活公共话语，加强对"异族"的理解。另一方面，针对污染以及由工业过程所导致的污染场地的景观，若是形成"景观的伪装（landscape camouflage）"，会掩盖了场地受扰乱的过程和历史，而丧失了对公众更有意义的呈现，反之，揭示中心的改变以及失稳状态，可以进一步刺激公众话语与人类同理心。

基于此，本书利用建构"厚性"的概念，描述了一种将景观差异要素"压缩式"呈现的物质组织方式。在时空架构之中，以此为媒介，可以创造有厚度的交互地带。有学者曾使用"厚性"来表达"Poché"这种内外之间的残余空间特性（其他翻译还包括涂黑、破碎，等等）。在本书中，"厚性"指代了空间交界处可体验信息的厚度，是异质结构与差异性交互中"阈（threshold）"和感知界面的信息承载量，"阈"的信息承载量与多样性，带来不同时空关系与体验过程。通过显现差异与场地的不同痕迹与文化过程（不一定具有实际的物质厚度），以"透明"和完型的角度揭示了建构的多元价值与场地的多元特征，并进一步影响了行为认知的形成，以及联系结构空间的关系场域。其建构方法主要体现在边界的共享与"浅空间"层面信息的交织与共存，即不同信息的共线与共面，形成了多重信息的重叠，而不一定具有实际的物质厚度。

以罗维拉山顶公园与都灵多拉公园的设计为例，历史上的各种痕迹最终被同时展现，不同时期的痕迹特征具有自明性，但是其间关系却呈现出合并与关联，似乎为观者揭开了场地本身历史厚重感。新的设施与旧的遗存信息得以交织，以"厚性"的形式抵抗了无关碎片化与意义缺失，从而建立新的空间情感、场地功用与社会场域，实现了场地的增值。"厚性"的构建过程更倾向于组织性的技巧而非物质形式上的拼贴，形成了"压缩式"的差异共存的时空状态，体现了"透明性"视角的设计导向作用（图7-15）。

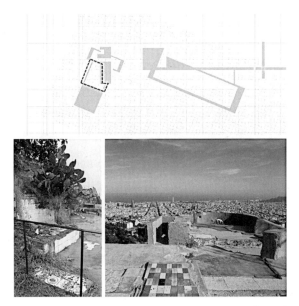

7.6.2 构建间质

间质作为空间中的空间，在异质结构的建构中，其价值在于抵抗失序、整合场所，并提供空间认知与利用层面以适度的距离和自由。它给予不确定性，体现在设计行为对"归属"不确定的空间进行保留与激发，提供了自我生长的可能。

在差异结构的建构中，会出现铰接关系的咬合、松动、裂解甚至重构，其中的空隙可被称为间质。间质不需要被实体填充完整，是一种预留状态，来源于"透明性"现象中"空"的空间。前文论述了景观要素"之间"（关系）的形式比事物本身的形式更为重要，间质是对字面"之间（in between）"、伸展出的阈限（extended threshold）、空间之间的交叠空间进行解读与应用的探讨，是对差异结构之间关系的补充。不同于建筑中"涂黑（poché）"的含义，间质被理解为是空间之间的空间、"差异之间的空间（space of difference）"，指代了同质差异或者异质差异之间的区别，是差异之间的间隙。它消解了所谓形式功能的同源性，无法完整预判其形式结果和功用导向。

间质作为在差异之间产生间距的形式手段，包含着潜在的功用，提供了创造性的阅读，这种阅读依赖于主体的身体运动，在异质结构的错位中，间质可以是虚空，或者空间的交叠，创造了空间的特殊密度，而不是以一种容器的构型方法明确其物质切面。同时，间质还暗示了一种运动，与静态的间距不同。产生异质结构的范围从概念上不断位移，创造不同的情感空间，暗示着正在形成发生的状况，揭示了潜在的被形式所压制的空间效果。间质成为分离与连接中的一种震荡关系，形成多义的话语场域。它在空间特征之外，还具有时间维度的特征，不单纯依赖在一个美学、功能或再现系统而产生，而是在控制性的结构下产生的偶发性的碎片，是一种空间的自我调节，是并不"虚空"的空的空间。它对主体的作用不仅在于视觉层面，而是形成了在多元的社会环境中的一种态度和行动，一种对我们的环境有所知觉的特殊方法。

事实上，公共空间中更容易制造和产生"间质"，例如利用差异化中未解决的残留形成一种不确定的空间，进一步诱发场地活力的自我生成。屈米在拉维莱特的设计中，就将其作为计划中的不确定性，促使多种活动的共存，形成差异转换的拐点和调制，成为"事件"的发生来源；IBA柏林国际建筑展对"谨慎的城市更新与重构"的议题中，关注差异的城市肌理与特征，通过创造异质形式中间的模糊空间，制造了意义的震荡过程；在埃森曼与欧林对长滩博物馆与外部空间的"人工开挖"式的建造中，其空间结构体系体现了无中心的、暧昧不定的美学特征。

景观"间质"空间中的复合的行为，模糊了空间并且也产生了更多不确定的状况，制造了不稳定性与多元性，承担多元的事件，通过确定性与不确定性之间的相互作用，制造了具体计划与生成过程的辩证关系。景观在介入场地时，预留以后的生长和发展空间，保留同时感知的可能性。在其作用下，功能性与计划性的元素在设计之后被保留，并以一种进化与转变的状态进行，排除了仅从表面阅读的可能性，成为一系列开放的、控制的、等待的层叠。章明所提出的"游离"的状态，指代了差异要素之间、新置原置之间的不可化合性，以及形成的独立存在的并置状态特征。形式游离形成了一定的自由状态，是有限度的介入场地的设计思想，避免差异之间的过渡粘连。

"间质"不仅可以被构建成为差异景观结构之间的空间，还可以作为景观的一种自身形式介入环境空间，体现在如下几方面的发展潜力：①通过生产出适当的自由度，而产生更高的空间价值。例如克莱芒所营建的荒地成为"动态花园"，或是高线公园在铁路停运之后所生长的大量原生植物，均预设了植物等软性填充。这一设计过程旨在建立一种框架与过程，其间的空间需要自我生长并对未来功用有着灵活的应对方式。尤其针对层化结构，创造差异间适当的间距形成"间质"使其摆脱了中心式的束缚，具有更强的包容性，却又不会完全丧失控制。②过渡作用或者调和作用，对差异之间的矛盾进行调节与调停，形成融合、交替、波动的模糊空间。例如库哈斯的毕业设计将柏林墙作为入手点，设法调和和模糊两侧不同状态的城市空间，利用一个有两层高墙的缓冲区，设置了中立属性的"间质"。③创造更多体验的丰富度：通过制造相邻的不连续性，使景观空间中形成暧昧的体验方式以及丰富的连接路径，使"双重归属""无归属"的空间属性在体验中得到复杂的交织。④通过不断填充事件，从而刺激场地的活力。例如屈米在弗雷斯诺艺术中心（LE Fresnoy National Studio）设计的旧建筑之外的廊桥、平台，形成新与旧"之间"的想象生成结果；北杜伊斯堡公园在新旧结构之间同样创造了容纳各种公共事件的空间（图7-16）。

图7-15 "厚性"的呈现（罗维拉山顶公园）
（图片来源：赵佳萌）

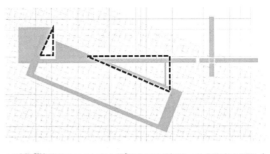

7.6.3　构建孔窍

在异质结构或是同质结构的差异部分之间，通过形成边界之间的沟通与联系，消解和模糊差异边界形成的空间状态，可被定义为构建"孔窍"的过程。在景观空间对差异性结构的组织行为中，通过建立边界的孔洞，形成流动性与体验情景的推动力，从而抵抗平面化、扁平性与单一的"瞬时"体验过程，产生知觉和物质现象的交织。在现代主义乌托邦式的梦想之后，后现代城市一定程度上呈现出了封闭的分裂状态。孔窍、多孔的状态，是一种协调、整合、适应的交互界面或状态，使事物的本质在边缘得以呈现，不同事物得以平等的互相调试和促进，而因此形成多元接口的编织体。景观空间中的异质体以不同状态相遇时，生成特定的沟通关系，实现现实碎片的互惠建构与超链接，形成时间和信息的交换，以及经验的交换。本雅明在"那不勒斯"一文中，表达了相互渗透不确定的城市状态，1999年斯蒂文·霍尔又在《视差》中将这一概念引入建筑领域，2005年出版的"多孔性实验（experiments in porosity）"等著作，形成现象学背景下的探讨。"孔窍"被认为是关于现象学问题的透镜，表现了空间品质的开放性，从"知觉"角度探讨了人对空间的感知与体验。

追溯这一概念的形成，在沃特·本雅明（Walter Benjamin）与阿莎亚·拉西斯（Asja Lacis）1952年合写的文章《那不勒斯》（*Naples*）中，作者论述了"孔窍性（porosity）"是"这个城市生活的不竭的运动规律，无处不在，它表示在空间和时间上出现的临界点，表示一个空间经验的分隔之处"，并认为经验与空间在通道（passageways）与阈限（thresholds）中具有穿透性与传递性，体现了社会融合以及无常的空间状态。1925年，意大利处在墨索里尼的法西斯统治下，社会缺乏自由度和灵活性，而那不勒斯让本雅明看到了与之相对的多面的社会创新。孔窍使差异的场所空间形成交融，并为不可预见事物的出现预留了空间，使多种空间更具有交融性和灵活性，指代了不同空间中的互动与联系。这一空间特征来源于空间现象中清晰边界的消失，以及物与物之间的渗透。有学者在研究非洲部落住宅形式时，认为"Kwandebele Kraalhas"的住宅形式很好解释这一概念中的并置关系：是开放式的"围合"实体，也是一个具有孔洞连通的系统（图7-17）。

　　正如假山交融渗透的时空状态，景观在介入场地环境中，激发了场地特质这一核心资源，通过与其他要素的转换和交互，形成叠合织体的时空化，罗西认为城市的价值在于通过时间产生的建造结束，揭示了城市状态的过去，通过事件连接过去与未来。高哈汝认为，设计中对场地的处理就像柔道比赛，获胜并不一定需要极大的力量，而是可以依靠巧劲取胜，这其中表达了在设计中巧妙的重构场地信息的重要性。他在法国里昂国际城社区与日尔兰公园的改造中，揭示了场地本身的农业与园艺特征，重组了新的公共生活。通过揭示本身特征并发现城市中的接口与碎片，重构了空间的渗透与弹性作用。

（图7-17）

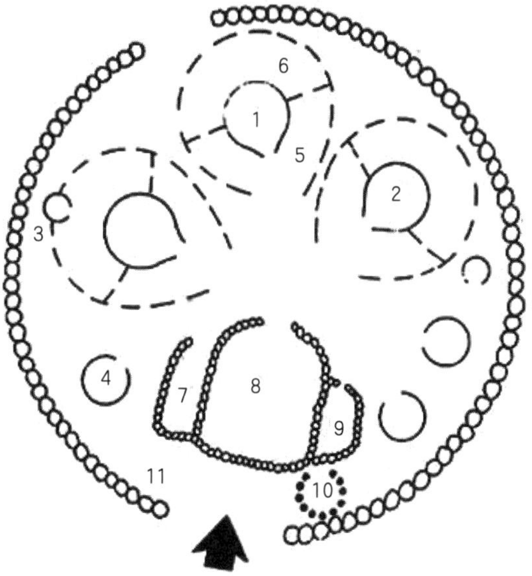

1—主要房间
2—第三房间
3—第二房间
4—男生房
5—前庭
6—后院
7—男主人庭院
8—牲口舍
9—羊舍
10—牛舍
11—主要入口

图7-16　"间质"的呈现（北杜伊斯堡公园）
（图片来源：Latz，2016）
图7-17　"Kwandebele Kraalhas"住宅的孔窍性
（图片来源：Stavrides S，2007）

拉斯·勒鲁普（Lars Lerup）曾使用"多孔平面"来描述荒野与城市之间的渗透，以及建成空间与废弃景观的联系，肯定了孔窍在场所中的力量。再如奥林匹克雕塑公园，通过联系现有的基础设施与断裂的海岸，形成了功能的穿插与连接。从景观的差异与异质性结构的角度来说，孔窍的价值与建构方法可以体现在如下几方面：①对破碎的物质要素进行新的接口建构，揭示新与旧、公与私、神圣与世俗等关系是如何被交接的。从文化景观的透镜来观看，孔窍建立了多元与差异的相关联性、过渡关系与同延性；②利用流动关系形成主体体验的推动力，制造"内部时间"与"外部时间"的互动关系。利用时空拉伸使主体产生内省的思考状态，进一步与场地建立个人角度的联系；③建构积极的转换节点，制造场地不确定的自我生长。

　　"孔窍性"借由沟通形式边界，从而沟通了概念与感知边界，形成了主体的混合视野。西班牙设计师Izaskun Chinchilla所做的Garcimuñoz Castle古堡翻新，是对具有八百年历史的西班牙中部古镇Cuenca中的古老城堡所进行的公共空间设计介入。建筑师利用了强烈的对比和反差，设计置入了古堡结构系统之上的临时设施，与古堡本身维持一定距离以适应当地法规，保留了在未来被改造和移除的可能性。其中设计师通过镀锌钢材和通透的彩色玻璃，制造了可拆卸的新系统。设计没有直接碰触和破坏建筑原始材料，而是通过创造互相嵌入、交错的空间关系，形成了新旧结构系统之间的流动性与共生关系，彩色玻璃所投射的光似乎给了古堡新的生命，引来人们的关注（图7-18）。

7.7　整体效用的调和

　　基于差异显现的设计方法在设计过程中所必须进行的操作和涉及的形式层面包括：对差异结构关系的处理（句法建构），对同质结构关系的处理（语义建构，建立连接性与意义有效

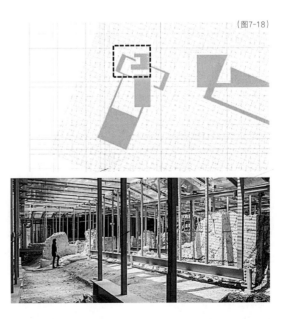

（图7-18）

性），对差异结构"之间的空间"进行调整（建立续存力、流动性、文化价值），以上三层空间结构共同形成景观的时空架构。加之辅助参照系统的建立，它不一定存在于设计的直接表达之中，但同样参与定位场地设计中的时空特征，最终对整体效用进行修正与调和。

　　本研究将场地的整体效用评判建立在景观空间的三元关系之上，关注了景观作为物质-意义-场域的整体，如何经由设计行为得到增值。上文分别探讨了利用整合的方法快速梳理混乱形成主要秩序，利用层化结构针对特定矛盾进行分层求解等，从句法建构、语义建构、"之间"的空间调和的不同操作层级进行了分析。此外，本书还提出需要对整体效用进行调和，包含有如下方面（图7-19）。

　　（1）防止时空链接过程中的景观意义的过度扩散。在透明性作用下，景观空间"多义"与不确定性的充斥，以及串联单元之间的多种超链接关系，使得空间的感知组成部分不断地被展开与再组织，景观结构的等级不断地被消解。在感知过程中片段的不断链接将景观时空系统不断扩充，容易造成同质表意链的断裂。因此，对体验中的超链接方式的控制可以保证景观意义传达的有效性。

　　（2）防止空间细碎化的功用失效。透明性引导面对差异的设计方法更关注"增值总体"而不是"单一整体"，在强调单层价值的基础上，对边界与差异结构之间的结合、游离、流动的关系，仍需要度的把握，由自下而上的结果视角做出调整。通过对特定空间尺度的景观空间进行有效性控制，使其场地功用有效化和最大化，使景观总体的续存力与活力可以在一个动态平衡的状态中不断发展。

　　透明性的导向作用，使基于差异显现的设计方法体系区别于其他设计方法，例如：区别于具有若干等级结构的设计方法，这一设计方法关注平行、平等的层级结构；区别于"共生"型的设计方法，这一设计方法不强调化合关系，关注了异质要素间的距离，即便在整合差异的设计行为中，只是强调了边界共享或者"同构"的设计结果，并不是混淆差异之间的性质；区别于对景观系统不同的隐性、显性物质层面的"耦合"作用结果，这一设计方法关注了直接作用于主体视觉感知与身体经验的多层意义结构，与可观想的设计结果等。

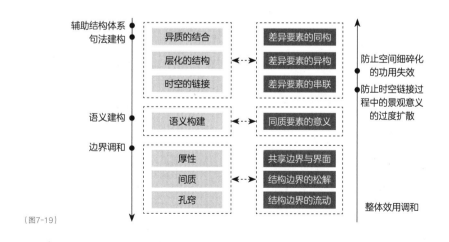

（图7-19）

图7-18　孔窍的呈现（Garcimuñoz Castle古堡翻新）
（图片来源：Izaskun Chinchilla，2016）
图7-19　基于差异显现的设计方法框架与工作路径

第 8 章

9 8

中国当代语境下景观实践的方法适用

前文探讨了景观透明性本身所具有的特征与价值，以及多元、差异的景观变化与意义联想在当代景观设计中的呈现意义。在此基础上提出了基于差异显现的设计方法，关注了景观空间中不同事物交织混合的双重或多重属性，尝试突破传统设计方法的线性语境。这一设计方法在"透明性"的导向下，强调了多元与差异，通过特定设计路径重新建立场地关系，重建观者体验中对时间预期的过程，在身体感知过程中获得新的认知与启发。

从全球语境来说，这一建构方法可以在关注时空体验、景观意义、场所功用等方向的相关设计语境中进行应用，包括基于社会公正的设计（design for social justice）、边缘领域设计（borderland design）、文化多元与杂交（crossbreeding）、存量更新（regeneration）、场地踪迹与复写（tracing and palimpsest）、基地融合与整合破碎（context integration）等等。这一设计视角体现了对场地的尊重，以及调试与重组的可能，通过显现异质、层化的场所事物及历史痕迹向认知主体呈现出开放的"解蔽状态"及"在场状态"。

针对中国目前的实际发展情况，本章关注了国内人居环境建设与景观建设中具有时代特征的问题，对以下三个在学术与实践领域引起较高关注的特定设计语境，进行适用方法与操作方式上的说明，形成应用理论的适用性讨论。

这三个设计语境包括：城市剩余空间的景观介入、乡村景观的复兴、后工业景观重构。对设计方法与中国时代背景的契合度、对场地文化与整体效用等方面的关注度与代表性，以及解决相关问题的迫切性，是选择这三个语境的主要原因。同时，本书的主要研究背景是在"时空压缩"背景下，寻找新的设计方式对相关问题作出回应。这三个语境与时代背景密切相关，体现了呈现"差异"在中国人居环境与景观空间发展中不可忽视的意义以及亟待解决的问题。不论是城市快速发展背景下形成的异质空间之间的"剩余"，乡村文化被逐渐淹没，或是社会转型中对后工业遗存的改造困惑，都需要面对具有差异性的场地与文化特征，将显现差异而非同质化作为其设计出发点，因此具有案例分析的典型性和契合性。

为解决时空压缩对景观空间产生的负面效应，本书以透明性的价值为导向，对现有方法进行总结，并对如何实现方法上的提升进行了探讨。

8.1 城市剩余空间的景观介入

8.1.1 城市空间的割裂与破碎

在城市化过程中，城市不断被注入新的关系、价值与使用者，在多样化价值及差异性事物的不断摩擦过程中，形成了一些被修剪的边角料。这类城市问题包括快速交通网络的割裂，背向废弃的街巷、不规则地块、地形所致的废弃用地，甚至屋顶与建筑边缘等等。目前，城市交通用地对城市空间造成了越来越严重的割裂状况，同时，在城市发展更新中，不可避免形成对空间资源的浪费与某些时段的低效使用。城市问题的暴露以及城市丰富文脉的影响与削减，带来了大量的剩余空间。通常这些剩余空间一般被其他异质的空间元素所界定，并不断被多样的空间要素影响。这类消极性的空间的改造，对城市空间质量具有根本上的改善。

李晓东曾对城市遗余空间进行定义，认为这种空间除了显示物质上剩余的特征、主观上被舍弃的状态，还显示出再利用的价值。通过使用嫁接、缝合、柔滑、并置、植入、异化、复合等策略，可以激活这些剩余的空间。库哈斯在IIT（伊利诺伊理工学院）所作的学生中心将城市轨道交通包裹在自身建筑之内，虽是一种极端情况，但是显示了他对城市消极空间的最大化转换与利用的一种态度。剩余空间并没有被涵盖在某种特定分类中，从非空间属性来说，它在城市中的文化活动和社会活动网络的价值中呈现隐性状态。

同时，中国在新城镇化建设背景下，空间品质的复兴逐渐得到重视，如2015年《上海市城市更新实施办法》的出台，呼吁规划设计人员在微空间层面进行调整及设计，这些转变显示出了"战术都市主义（tactical urbanism）"的倾向。剩余空间的改造行为，通过关注现存量而非增量，整合异质要素之间的关系，从而获得更为优质的城市空间。这正是上文论述的，透明性所导向的创造思维和拼贴视角。战术性城市主义利用自下而上的方式，包括考虑临时性的行动或者低成本的措施，实现四两拨千斤的场地介入作用。

全球视野上，拉维莱特公园从城市空间尺度指明了景观可以成为后现代都市主义的媒介，包容纷繁复杂的都市生活，成为"社会工具的范畴"。从小尺度来说，迈克·莱顿（Mike Lydon）和安东尼·加西亚（Anthony Garcia）通过创立街道协作计划（The Street Plans Collaborative），进行了相关实践和行动手册的编写。苏安·维尔（SueAnne Ware）提出了战术城市主义中的可移动花园，关注空间品质与高效利用，以及由个人社区以及当地团体进行的小规模干预方式，借由改善城市现存状态，影响着城市的长期生长与形象。比利时设计师马塞尔·司麦茨（Marcel Smets）也曾把景观提升到了对当代城市设计发挥极大作用的位置，他制定了一套当代城市空间设计概念的分类法，即应对未来发展的"不确定"特性（indeterminacy）产生的网络（提供基础架构）、载体（容器，反应组织形式）、空地（确保新元素进入的自由），以及蒙太奇（不同内容和组织的层的剧烈叠合），成为四种设计方法。

8.1.2 差异功用的整合与场地激活

城市中势必会不断出现形式及功能混杂交错的空间。对于剩余空间的改造，主要在于自下而上的拼贴思维，而这一方式必然要关注整体环境的影响，尤其是环境的肌理和边界这一前提条件。同时，在城市发展过程中，公共空间对城市复兴起着重要作用。在景观都市主义的平台上，景观的整合作用在城市更新中充当了先行者的角色。城市开放程度及公共程度越高的地方，更应是优先改造的空间，也是最应该具有活力的空间。

在处理剩余空间的战术性措施中，相关学者总结了不同类型与示例，包括与植物结合或者艺术性的社区公共设施、展览与市场空间、园艺与城市农业空间、移动的绿化装置、视觉触媒与艺术喷绘，从而激发场所事件性、功能混合的公共空间与公园营造。城市密度的生长与对空间的需求，是当代城市不可避免的矛盾，由于过度开发，无意义的消极空间的出现，使人对城市空间的体验感变差，而开放的绿地、游乐场、不同形式的公园，都能从环境质量甚至从绿地系统上改变市民的生活环境。可以认为，景观对剩余空间的介入与改善有着重要、高效且不可替代的作用。

通过景观的介入，可以包容与整合空间矛盾，其具体方式根据场地尺度的不同具有差别。但总的来说，剩余空间本身以周围环境结构要素为界面，因此，对空间的创造要处理环境与场地中边界与特质的多元关系。对剩余空间的激活与重构，是对环境空间的异质多样化与动态化的持续增值，不仅对社会公共生活有益，也在文化复兴的角度，成为新的居民文化与仪式空间的归属感来源。

目前国际上有着不少成功案例。在委内瑞拉的由废弃地、废料场和城中村衍生出来的问题社区，通过改善剩余空间，设置了五处公共社区空间。PICO estudio联合当地以及跨国的机构、志愿者、社区成员，置入色彩鲜明与环境异质的设施，让人们重新从社区获得活跃、安全、幸福和团结感。其中包括建于屋顶上的露天篮球场，通过与现有建筑并置，对屋顶层进行改造，使新球场具有更加完善的功能和更高安全性；将垃圾场变成了露台和露天烧烤的场所；用附近河流中采集来的石头堆砌成围合的石墙；设计带有宽敞顶棚的多功能立体空间等。为了新空间最大化地为社区带来有益影响，设计最先考虑了足够的灵活性，通过联系周边、节约性地满足目前每一个细节上的需要，又在最大程度考虑了如何适应社区未来的发展。在设计中，利用房屋的结构能力，对绿色钢架结构以及玻璃窗墙提供必要的支撑，通过覆盖图案，为整条街增添了许多活力。

阿姆斯特丹的Koog aan de Zaan小镇，城市空间被穿越的高速公路分割成了两个部分，市政厅和教堂分属两边，使行政与教会中心在物质上被割裂。为了连接这两个重要的区域，设计师对"盲点区域"的桥下空间以及其延展空间进行了改造。这一积极性的干预，包括设置绿地山丘、对河流的引入形成亲水空间、设置零售店、花店、超市、鱼市、足球场、篮球场、滑板公园、喷泉水景、雕塑等等。内部开挖的小型码头，结合了新的桥墩立面围合，形成了差异性结构的并置关系。利用桥的支柱界面与顶面形成了许多混合多义的空间结构要素，更好地连接了河流、连接了桥体两侧的生活。

相似的案例还包括智利的波浪剧院，设计利用可移动的设施，将剩余空间的界面整合起来，建设材料全部为当地的废弃材料。其中的改造团队Sitio Eriazo专门针对被遗弃的消极空间开展实践。这个项目直接利用空场的边界特性，结合场地材料进行了结构上的整合与填充性的激活。其他案例还包括，在巴士底车站拆除后，巴黎梵尚线林荫步道（Promenade Plantée）一端建造了新的巴士底歌剧院；首尔清溪川公园对原有高架桥结构的留存；西雅图高速公路公园中，城市山林式的公共绿地，联系了割裂的城市部分，构建了水流峡谷的景观。巴黎Rue Duperre路边废弃的停车场空间，使用橡胶铺设篮球场地面，用鲜艳的颜料与图案涂改墙体，构成与附近建筑的差异对比。

剩余空间改造在近年来不断引起学者的关注与探索。在国际案例的影响辐射下，针对国内现状，相关学者提出了促进城市空间重塑的交通基础设施更新策略，其中的景观介入方法，包括建设废弃铁路基础上的分层的综合开发性绿道、跑步道、自行车道、公园、社区公共空间，其他还包括林荫道的叠加、自然荒野的保留与链接、自然群落的引入、慢行系统结合公共空间、艺术设施与可移动花园、儿童活动设施的引入、水岸空间的连接等等。可以认为，将剩余空间进行景观改造介入是最直接的改善城市环境，是重整社会秩序、最大化公众利益的途径，同时，这从一定程度上关注了城市文脉的传承，利用景观环境对差异特质的包容，进一步激活空间。王府井街道整治之口袋公园使用"墙上痕，树下荫"的概念，建筑师朱小地对砖墙的表意片段进行提取，将四合院的印迹与现存空间进行了引入与叠合，表达了对传统四合院建筑空间与生活文化的关注，引发了进一步的公共活动，这是一次改造北京旧城街巷中剩余空间的有益尝试。

在香港大学针对有关剩余空间的工作营中，学生在教师指导下对城市微空间进行调研，系统性的研究公共空间结构，形成了很多有趣的思考和成果，例如工作小组对上海邮局博物馆周边地区进行考古式的研究，借鉴斯卡帕对Castelveccio古堡的改造方式，对历史中断裂的踪迹与切片进行梳理、组织与展现，确定了"永久边界"和"柔性边界"，在进行了周边环境的"关键词叠合"（场地项目的计划安排）之后，确定了需要改造的剩余空间范围，以及与周边环境的嵌入相关性。在苏州河城市生活环的项目中，选定使用"环"或者"链"的模式进行激活，通过对公共性的文化活动的研究及设施的确定，最后在结构上形成了与现有空间的交叠。微观层次的措施还包括对电子市场南处垃圾收集站的处理，以及高架桥下空间的处理，缝合城市肌理的断裂，并且引入了功能叠加的分析与生成方式，例如对空间流线断裂处重新实施连接、抬升、交织等具体方法。其他还包括针对高密度城市环境中，所谓间隙的公共空间与设施安排，考虑了城市生态的连接和基于使用者视野的景观要素选择与空间结构组织。

8.1.3 方法的适用与提升

国内对剩余空间的激活问题，在认识上及应对方法上仍处于起步阶段，而在城市快速发展迭代的过程中，当代实践需要对此问题做出快速回应。总结来说，这一任务需要处理高密度城市多维开发中不断出现的遗余空间，旧城改造中的低效用零散空间，以及在交通设施影响下的城市割裂空间。针对现有案例,可以发现目前的改造方法具有多样的视角与设计思维,因此具有拼贴化的特征。在关注主客关联度的基础上,透明性的设计导向可以帮助重置设计行为,并进行设计方法的优化和提升。

这一工作路径可以被总结为:在特定的场地研究基础上,利用景观的包容性,整合差异的场地功用,通过联系场地周边的异质结构,建立置入式的链接方式,利用景观设计中对异质结构的整合与交互,以期对大环境产生持续、辐射的积极影响,最终得以修复城市空间质量,通过密切联系人的观想及行为活动,激发场地活力。

在具体的空间结构中,这种自上而下的空间整合与改善多体现了半格的联系网络结构,不同事物之间可以同时产生联系与流通。在基本的主体活动需求调查的基础上(使用者的差异性与多样性),空间的再生不能只利用简单的树形层级结构,而是具有丰富的可变性,通过链接复杂性,从自然生态、公共活动、文化层级上形成不同的关联网络,针对不同人群、不同时段而改变,使景观形成连接性的媒介。

具体来说,这一设计方法的探索可以包括以下几方面(图8-1)。

(1)小尺度景观空间作为触媒点直接置入场地,需对周围环境进行借力,如利用"共享界面"进行异质的缝合;利用新置结构的统领性对现有事物进行统筹与梳理。

(图8-1)

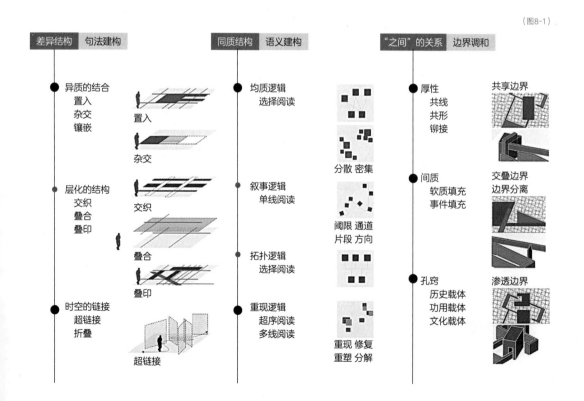

（2）从中等尺度或者线性空间中，提取环境中的异质肌理或者空间秩序，进行整合与串联，从而实现对封闭空间的秩序转换和链接。

（3）间质的利用：从更大尺度来看，剩余空间本身就是一种对间质的填充方法，它一般处于异质事物中间，身份模糊具有不确定性，在设计调节下可以变得积极，以空间的灵活性应对场地变化。

（4）多价空间：利用场地功用与意义的多样性，激发并且承载场地之间时空的多样性，避免功能分割及单一功能容定的设计方法，以附加更多的价值与潜力。

（5）孔窍的利用：通过设计使空间摆脱封闭独立，产生互相关联与联动，使其中的空间丰富性在不同层面被展现出来，减轻城市空间过分隔离而造成的情感疏远。创造异质性空间的混用方式，通过创造极大的开放与连通性，使空间相互渗透，形成关系的网络，而非对于特定景观物质客体的创作。

8.2 乡村振兴与乡村景观复兴

当代景观实践在时空压缩的背景下呈现出让人"喜忧参半"的状态，从某一地域范围来说，形成了更为多元丰富的景观空间表达，而从全球视野来看，所有地区、国家的设计不再具有思维界限，因此形成了更为同质的创作结果。不断有学者提出新的"地域"设计概念，例如Lerup提出的"种子-结构"的设计思想。种子的含义为一种具有复合性及可识别性的"装配"，充分考虑了邻近效应，与周边物质结构紧密绑定。这一思想与拉茨的"定向要素"相似，强调了景观要素置入时明确的自我特征，以及同环境的连接与重构方式。

从根本上来说，多元文化包含了主体多样引发的形式多样，例如种族和民族生活使用空间的双重特征，以及不同文化属性的空间要素并置，例如北京牛街的"回""汉"双重文化特征；MAD马岩松主持设计的泡泡胡同，将镜面金属的异质体置入胡同空间形成与胡同文化的共生；波士顿的中国城公园，尝试形成融合的中国特征并彰显这种差异性。此外，人居实践中还面临着城乡两元特征的融合与边界的模糊。

8.2.1 乡村文化的消失与乡建问题的产生

对于中国而言，乡村是传统文化的重要载体。"城市更新"和"乡村建设"如今已成为人居环境建设的两大主题，大规模城镇化不断使中国乡村空心化，随之而来的是乡村衰落。研究显示2000年之后的十年间，中国的村庄数量从370万减至260万，乡村活力越来越小，不断面临文化挪用与反文化挪用的博弈。

目前针对乡建的研究中，有关地方性与场地特质的研究问题被认为具有重要性与迫切性，

图8-1　针对剩余空间激活的主要适用方法分析（标红示意）　　　　　　　　　　　　　第 8 章
中国当代语境下景观实践的方法适用

同时乡村环境的其他复杂方面与新旧资源的有效利用与整合，同样需要给予重视。在乡村景观复兴过程中，需要在设计之初选择文化差异的双向尊重态度与价值观，而非寻找单纯的普适方法。乡村景观保护复兴与文化遗产保护不同，在没有保护级别的限定要求时，如何面对多元、差异，以及如何对其选择性的呈现，需要全局观的设计视角介入。

乡村建设中对空间形式处理的问题，存在有现实语境中的几方面矛盾，包括全球化资本流动、国家政策与地方实践的持续博弈，等等。在近几年的实践反思中，所形成的共识就是依照乡土"在地"的内在秩序进行设计介入，不随意引入外部形式逻辑，创造复杂的"多主体"互动与对话，在动态的工作状态中调整策略。庄慎的南京桦墅村碾米厂仓库的改造，扩大了使用空间，并引入了乡村景色；何崴设计的西河粮油博物馆及村民中心，将文革旧粮仓改造成了博物馆与村民活动中心，考虑了河道景观与居民的新功能；王维仁创作的平田村新四合院的开放关系等，从建筑及大范围乡村景观角度，思考如何在新型公共空间中实现对差异文化要素的包容。

8.2.2　差异文化形式的混合与并置

近十年，建筑师、城市规划师、艺术家等都以自己对乡村的解读开展实践，形成了不同的实践方法，包括艺术介入乡村、引入设计触媒与乡村叙事结构、乡村建筑与公共空间的形式混合，等等。

艺术介入乡村旨在通过置入艺术活动与艺术建造，以激发乡村新的产业与活力。一批批艺术家植根乡村，在关注农业与基本文化生活的基础上，重建乡村环境秩序和景观形象。工作伊始，艺术乡建对乡村建设中带来的改观，被认为只是从表象上形成了田园的形象，并没有真正从村民需求考虑如何结合生活质量的改变与文化的传承，甚至出现对现实的脱离，也因此在后续改造中被搁浅。之后渠岩的许村计划与欧宁的"碧山共同体"计划，一直尝试将自身扎根于乡村方式，成为从城里"下乡"的碧山"新村民"，通过"当地人"化，进行艺术在地的创作，反对过度商业化。其他的探索还包括中央美术学院的课题"艺术介入""乡村复兴与乡建模式"推广研讨会及后续课题——雨补鲁村的改造。艺术介入乡村建设的方法本身，就是使用差异性要素的介入来对渐失活力的乡村进行一种震荡式的激发与复兴。

对乡村从"挽救"到社会结构上的重建，通过关注差异形式的同时显现，而实现文化的续存和新活力的引入，这种对空间形式的关注，不只是针对审美情趣，而意在形成社会层面的干预，形成乡村中新的场域。例如建筑保护与长期修复，采取就地取材，因地制宜的修复与保护形式。渠岩在许村进行的乡建实践，就是从寻找"介入"的关系开始，继而进行修复与新系统的组织，注入实际生活内容，使年轻人留下来，以期解决乡村复苏的根本问题。在此语境下建立的许村国际艺术公社及国际艺术村，吸引艺术家深入农村进行创作，从而通过社会关注与游客介入，引导进一步的生长。

具体来说，艺术家在这一过程中，建立了艺术文化与乡村传统文化关系的连接，使意义系统与空间结构得以并置和对接。面对新房子与老房子的混杂，将传统营造的方法、新的技术手法，与现代生活有关的空间要素进行结合。艺术家与建筑专业学者，通过视觉经验与空间建构进行保护，完善公共设施，形成新的乡村修复，与新的多样性。乡村本身的差异性与外来力量的差异性，不只是表现在物质形态上，也表现在主体的互动过程中。艺术介入不再是一种表面的修复，而是一种多样的关系介入。

乡村景观的实践浪潮中，建筑师则倾向利用建筑与公共空间作为触媒，延续村落的叙事结构。2014年开始的松阳县乡村复兴计划，对不同村庄的特定情况，渐进的用点状触媒的方式带动村落发展，以代表性产业为载体的"针灸"方式逐步影响乡村，引发整体公共空间的叙事性与自我改善。

中国村落曾被外国学者认为是一种叙事化的空间概念，例如其中的祠堂书院牌坊亭榭。红糖工坊里面具有叙事关系的重置与整合，新旧功能的交错，而呈现一种生命力。红糖加工制造是村内的重要产业之一，不单设计者对其进行了环境与管理上的改变，村民本身也参与到了建设与改造之中，制造了公共空间与村民自己的叙事话语，利用甘蔗田与茶园的连接，积累日常的生活经验，形成对周围田园空间的过渡和延伸。村落的叙事结构，其秩序本身具有情感秩序与意义的价值，在其重组过程中，提供了乡村新生的机会，形成场所感甚至教化空间。

同时，红糖工坊的设计不只是考虑到了空间叙事体验形式、文化传达，还考虑了功能的转换等方面，兼具生产生活和文化功能，既保留了传统文化，又通过建构"舞台"的概念，展示了相关活动。通过开放的视线引导，叠合场景与田园景观，对生产功能、文化礼堂、木偶剧场的功用兼收并蓄。具体来说，它的空间构建的南北部分从一定程度上模糊了建筑本身与乡村景观和新建景观。建筑提供了制造红糖、堆放甘蔗、体验活动的三个挑高区域，看台和活动流线环绕其中，甘蔗存放区域可作为剧场展示木偶剧，生产区可以提供观看空间，休闲区还可以进行红糖的销售。其中不同产业的融合，帮助激活松阳村的经济与文化，使村民与游客之间的互动成为可能。设计与外部自然景观相联系，使用红砖铺地形式，对田野与田埂等景观要素进行延伸与引入，进一步增加了丰富性。红砖的围合，生产区的开放，外部景观的引入，竹子的使用，玻璃幕墙白描的作品，都使村民村景的多方面得以叠加。

2016年孔祥伟设计团队在山东沂蒙山区的深处的古村落凤凰措，将设计与生活融入乡村，营造了典型鲁东南山地村落。村子原名杜家坪，随着城市化的进程，村民只剩下一百多人，大部分老房子已经空置甚至成为废墟。对于废弃建筑，设计师在改造中，保留了原街巷院落肌理、旧建筑、树木，使用老房子坍塌留下来的石头作为主要建造材料，同时置入新元素如混凝土和耐候钢板。景观营造回收利用了老旧材料，栽植乡土植物，保留乡土自然的野性；空间及建筑在结构中穿插了现代建筑语汇。改造的最后成果是由七栋原有的石头老房子和四栋新建筑构成的民宿区组成，形式上呈现出了异质景观要素的杂糅与碰撞。场所中还陈列了各种老物件、相关艺术作品与主题收藏。凤凰措的开发是对空心村的探索，设计本身对废墟和老房子进行翻新，对空间和业态进行全新的置入，借用了背山面水，西有湿地，东有大湖的整体景观。

关于村落的营造，孔祥伟认为村子复杂的空间结构，包含着复杂的叙事结构，尽管独立成章，却又相互关联。在旧有景观的基本骨架上，他保留老村子的肌理与部分风貌，采用对话的方式，利用差异的形式对比进行创作，把这种探索称为新乡土、现代乡土的探索。在场营造的过程使设计师参与到具体的建造中，在树林和废墟中不断进行建造，也不断调整方案。手工的建造方式使砌筑细节得以及时调整和变化。设计中对原有的建筑废墟进行叠加与拼贴修补，加入符合现代的功能需求，最终形成社区服务中心、民宿区、美术馆等叠加构成的新空间。同样的手法在其另一个实践尝试——朱家林乡村建设中得以展现。

8.2.3 方法的适用与提升

多功能乡村的定义，提出了当前中国乡村的三重价值——乡村的农业价值、乡村的腹地价值和乡村的家园价值，提供对乡村的认知机会体现了重要的"文化转向"。乡村文化在遭遇外来文化与建构形式的冲击时，传统实践视角通常忽视了乡村本身的混杂性（hybridity），包括主体的混杂、意义的混杂、网络的混杂，乡村文化特征在新的乡村建设中，与他者际遇时产生交互作用、交互影响、交互镜借，不可避免的异化作用与去异化作用，使规划设计师必须正视差异以形成文化对话。

从空间三元价值来说，将感知、意义、生活作为设计出发点对乡村景观复兴有着很大的适配性与适用价值，从多个学者观点围绕视觉感知、心理物理、环境感知等角度的主客观辩论中可见一斑。上文所述凤凰措的案例更多使用了一种混合的方法，直接在原有空间结构上进行异质要素的结合；红糖工坊的设计，在融合功能的基础上，使用了若干针灸式的方式来对场所进行乡村复兴；艺术介入乡村，使完全异质的形式得以并置，希望形成新的乡村价值，使更多人对植根于此的文化传统形成认同。从建筑师视角到艺术乡建，在新与旧，乡村与现代的博弈之中，实践者一般会选择某种显现差异的设计方法，在重新建立的空间边界中共同构造生活场景。

其中，将设计方法的实施路径与提升探索总结如下（图8-2）。

（1）根据乡村生活与生产的实际状况，以及是否已经出现空心化现象等不同情况，关注多元主体及其价值取向，以产业安排与生活安排为主导，选择对乡村物质空间的组织方式：如异质要素的整合，或是异质结构的交叠与并置；利用乡村公共空间的叙事性特定的串联组织空间，通过截取空间秩序片段进行合成型的空间重构，带动传统建造体系与沿用价值。

从处理异质结构的角度来说，可行的方法有两种。一是整体结构逻辑不进行改变，保留空间肌理。旨在传承村落时空关系与梳理历史文化空间网络。在基本叙事意义上进行保护、修复与整饬。在此结构上置入新的要素并进行功能调整，通过在设计中不断对主客距离进行调整，形成最优结构。

与之对应的是新的景观结构的叠加，在原有格局秩序基础上，置入新的结构对发展动力机制与文化显现进行更新，例如艺术介入式的行动就是创造新的活力点。这一方法体现了从追求乡村景观的稳态到承认空间变异的必然性的认知转变，使用空间叙事特征与蒙太奇的构成重组而体现场地增值，包括了解译、提炼、重构、耦合的步骤。

（2）弱控制的体现，以及对间质进行软性的填充。目前对乡村景观的时空建构中，新的功能叠加对传统乡村空间呈现出普遍的强控制力，而使传统要素与现代要素的更新与交叠产生一种不稳定性，不仅会使人对传统文化载体保护陷入迷茫，其无用性也会使空心化更为严重。乡村的若干景观要素：地形水系、植物农田、动物、建筑、劳作空间，是其自我生命力来源。通过选择软性的填充方式激发自我生长，以得到乡村景观的动态演化。

（3）语义秩序的重建：在异质性进入场地的重构过程中，基于对地域性价值与场地价值的尊重，将异义结构中的重点景观要素进行保留与链接，从视觉的完整感知，引发完整的环境特质认知。

（图8-2）

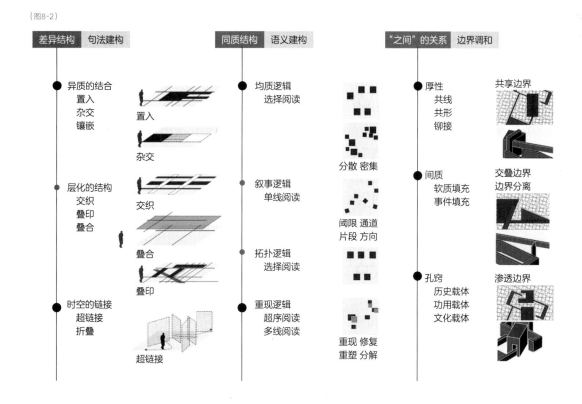

图8-2　针对乡村复兴建设的主要适用方法分析（标红示意）

8.3 存量更新与后工业景观重构

8.3.1 后工业景观改造实践的快速发展

城市经济职能的转变导致了各类社会变迁，包括世界范围的"逆工业化"（deindustrialization）现象。中国城市更新的工作内容逐渐涵盖越来越多的后工业改造任务，这一任务逐渐受到政府、学者、实践工作者的重视。后工业遗存空间的再利用，需要不断处理差异的物质空间与文化空间之间的关系，与当代生活建立关系。其改造方式包括博物馆模式、直接扩大其开放性建成为城市景观公园、将工业遗址改造成文化创意产业园、创意生活区等等。

针对后工业的改造，加泰罗尼亚理工大学建筑学院米盖尔（Miquel Vidal）教授还提出了"领土"的概念，认为它是地域性景观设计中的重要概念之一。这一设计理念的本质是将场地肌理与新置景观进行混合，保持场地自身特质的同时去计划新的空间，领土辩证（territorial dialectic）[①]的概念关注了隐含的不可见信息对可见信息的塑造作用，同时包含了场地与环境的辩证关系：对场地边界使用灵活的缓冲处理方式使其具有渗透性。场地肌理作为一种杂交的组织，既呈现出工业特质，又与新的城市基础设施相融合。

从《无锡建议》的制定到城市工业遗产保护与再利用的各项制度规范的完备，中国后工业景观改造也在不断寻找新的置入与改造范式，包括1998年开始改造形成的田子坊创意区、2001年改造的中山岐江公园、2002年改造的798工厂创意园区、2011年改造的厦门铁路文化公园、2011年建成的成都东区艺术公园与音乐产业基地，等等。社会大众也在实践结果的影响下，逐渐关注工业遗存本身带来的审美价值。目前的改造现实是，相关实践仍主要围绕废弃建筑再利用进行研究与创作实践，针对景观的介入改造潜力仍没有被充分激发。同时，实践者在具体工作中，对非强制保护等级的文化遗存的保留，无法形成较为统一的价值评判。此外，中国后工业景观改造的特殊性还在于需要应对改造场所高强度的利用方式，以及超快速建造过程带来的种种挑战。

8.3.2 差异逻辑形式的保留与层化

目前的工业遗产改造项目，一般以"场地复写"的形式呈现在城市与景观建造之中，利用"复写"物质结构反映场地历史记忆。伊利埃斯库（Sanda Iliescu）认为拉茨作品中具有彻底的异质性，认为拼贴的原则有效贯穿在拉茨的设计花园中。重新建立的关系使新和旧的关系反转了对时间预期的过程，碎片信息通过再组织变得更有意义。交织的方法制造了"双重属性（double-nature）"，使设计结果突破了线性语境。不同层的社会、文化与工业历史被凸显出来，个人思考在体验路线中得以实现，在序列空间中，强大的戏剧张力被激发。哈格在其中还充分强调了过程性，开放的过程信息被置入生态、文化和个人感知。

对比国际语境的相关案例，本书依托北京首钢北区开放空间改造设计项目，进行了基于中国语境的设计实践及相关研究。首钢厂区的空间特质与结构脉络是依托生产流线、生产工艺与具体产品特点产生的，规划设计之初所设计的目标，是对工业遗存进行保留与改造，实现对历史与现实的包容，对不同使用人群与活动的包容，最终实现从工作生产到工作、生活、休闲空间的转变，以及从封闭到开放、从生产尺度到生活尺度的转变。

首钢北区承接长安街的西沿线，具有重要历史意义。首钢历史上由北向南逐步扩张，是历史最为悠久的片区。设计地块中包含了厂区中重要的建筑与设备，包括高炉和焦炉，同时具有历史价值和钢铁工业特色。设计地块依山傍水，临近石景山、秀池，包含厂区最大水面群明湖，拥有良好的景观基础和较为开阔的空间。设计地块南侧与长安街相隔一个街区，是长安街的次级门户。

设计工作之初是确定强制保留的工艺遗产以及梳理非保留级别的工业遗存。在研究中发现，首钢北区的感知结构很大程度是被地标性物质所限定的，包括高炉烟囱、冷却塔等等。而视觉感知是景观传达中很重要的一部分，因此首钢的工业遗存保留必然需要保护视觉真实性与知识真实性，从而进一步整合新的功能和活动。在对场地遗留物的保留选择上，从经济角度与安全角度否定了将所有停产遗存保留的可能性，因此对和场地逻辑与意义体系密切相关的遗留结构进行了选择性保留。为了避免破坏其整体特征或是为场地污染的处理增添难度，设计没有选择点状的遗存进行再利用。最终，设计团队对首钢北区的整体概念规划着重考虑了线性的叠加系统：利用保留的线性系统，结合设置新的人行与小火车的流线系统。若干线性系统之间，部分进行形式和结构的混合和借力，部分则脱离形成形式的对比，这一设计方式提供了主体对场地特质的深入解读。

在研究中发现，首钢整个生产区域尤其是炼铁高炉所在的北区最重要的空间特质是连通性，烧结、炼焦、炼铁、炼钢等若干生产流程使得传送带、空中管道、铁路的存在尤为重要。项目摒弃了对单体工业遗产的雕塑式的保留与观赏，将其遗存作为整体来看待，力求避免局部突变带来整体上的失序、断裂和解体。同时，面对现状及规划中的社区居民，对日常的休憩行为进行了预判。

---

① 加泰罗尼亚理工大学建筑学院Miquel Vidal教授在清华-加泰罗尼亚理工联合studio中对此理论进行阐述。

具体重构改造中，除了尊重现有空间脉络，面对工业文化与休闲消费文化的两层空间秩序的碰撞，设计定义出关键节点以适应现实环境。这其中不仅要考虑功能置换的适宜性，还要充分考虑人群的使用逻辑：比如对周边居民、未来办公人群的活动定位与行为方式分析。根据矛盾点的具体情况，使用保护、再利用等具体手段：比如在焦炉区域，利用管道设施设置观影银幕，利用轨道设置跑步道，在其中设置休息平台、观景塔，部分质量较好的建筑还被改造为绿色教育基地与特色餐厅。在改造中，工业遗存的重要连接体均进行保留，在保证空间脉络完整性的前提下，再进行大面积完整开放空间的选取及场地拆除与清理，在此基础上设置了高架小火车线路、二层人行步道，以解决本层空间的便利性问题，从而形成新一层结构的主体结构与旧有结构并存，体现着新与旧、再利用与新置空间的透明性关系。需要提出的是，用来区分不同组织系统的不只是新与旧的并置，更重要的是生产与使用逻辑的差别。面对着比建筑立面与内部空间更大的空间尺度，城市开放空间不再具有一定的观赏范围、特定视角与画框限制。

在首钢北区景观规划的思考基础上，设计团队还对南区二型材厂的具体景观改造提出了设计方案。二型材厂即将被改造成为聚集互联网金融、电子商务等企业聚集的办公创意园区，周边绿地界定为"首钢工业成就展示公园"。型材生产是钢铁产品链的最后一环，具有独立完整的生产流线，厂房内净空高度较高，建筑设计将一整跨保留为景观空间。景观设计提出在对厂房内部清理及污染治理基础上，在内部绿化空间中保留完整的生产线信息。

在对场地遗留物的充分调研基础上，设计采用了"单线叙事"的方式，尝试将新的景观层置于完整的叙事情节表达之中，并且沟通东西两侧绿地。不同于其他工业景观改造中的较大开放性，这一设计需要妥善的将办公空间、交通空间与多层次的绿色空间融为一体，进行功能的合成，形成宜人的生态环境和工作氛围。为了实现这一目标，设计利用了异质之间的结合，层化的结构组织，以及场地信息的重新链接，形成完整表意链。设计场地沿线分布有各类遗存与断续相连的坑体，在建筑中形成良好的景观"谷地"。新置的结构层包括：景观艺术装置的串联、雨水花园的连续串联、服务于办公园区且便于交通上直接连接的休息设施层，这些与场地原有的轧机沟道、冷床、定尺台架的固有层次产生关联，即部分区域各自独立，而部分区域相互承载而形成同构。最终的景观新置层，利用流水槽、镜面设施等等，从一定程度模拟了型材生产的流程，将这一叙事线进行了强化。

同时，在2017年进行的首钢最北端门户：西十冬奥广场项目景观设计，其建成具有极大的示范作用。西十冬奥广场项目总面积约6.3公顷，分为冬奥广场地块、北七筒地块、干法除尘及员工宿舍地块。场地地面层分布铁轨，半空中横贯天车和其他设备，最高处穿插分布了六条传送带框架等多层系统，且建筑已经对废弃的巨型存储空间进行活化利用。自2016年5月，冬奥组委陆续入驻5、6号筒仓，2017年2月，办公区内其他建筑改造装修施工完毕，各部门入驻相应的办公地点，利用建筑包括筒仓、联合泵站、新建餐厅、主控室与停车楼。场地具有极高的公共性，面临着高强度的复杂利用方式，以此建成片区来说，设计团队对场地原有信息进行最大化的保留，并以此结构为参照，慎重置入了新景观结构。

筒仓片区自1919年官商合办龙烟铁矿公司，到1949年石景山钢铁厂的正式成立，见证了钢铁厂最久远的历史，包含了重要工业遗迹特征。同整个北区相似，其中的工业遗存具有明显的线性结构特征，例如大量的运输、连接性设施。场地保留的工业遗迹基本都与传递功能密切有关，如传送带、铁路、天车。其他还包括保留建筑原状筒仓七座，干法除尘滤水室一座，以及改造建筑七处和新建建筑二处。

冬奥组委办公区为了贯彻绿色奥运的原则，大量利用了原有厂房与构筑物。在这一基础上，景观设计的介入，进一步保留工业遗存的整体性，将原有复杂的信息层系统转化为新的景观结构。景观的空间格局与表达形式基于原有场地逻辑而形成两套结构系统：建筑统领的新的空间逻辑为筒仓办公区、天车广场南庭院、北庭院、东入口区、西入口区新闻记者广场；还包括传送带与铁路的成角结构体系。从结构系统角度来说，景观设计对两套结构系统的差异进行了并置与对比。而对于具体的空间环境来说，设计通过利用共享的边界与共面做法，一定程度形成了差异性的混合，创造了厚性、孔窍以及具有生长力的间质空间。

在如此高强度的利用下，景观空间不仅要解决多种功能在有限空间的安排，还需考虑空间的事件性与文化性。据此，设计天车广场一侧沿用原来的文脉，设置收集池，里面放置矿石，除了雨水收集的功能之外，从形式上沉淀了场地记忆。层叠的雨水处理通道和丰富的水生植物营造出山野氛围，水景由西向东跌落，屋顶花园、水景与雨水花园形成新的雨水回收体系。北庭院设计中草药园、后花园，抬高的场地被溢流水池与毛石墙围合出小空间，通过种植池的划分与中草药地被、藤本的种植，营造出幽静的花园景观。西侧空地设置雨水花园，东侧下挖绿地作为雨水花园进行雨水的收集，干法除尘建筑支柱配以雨水收集管，与地面管道联系，将雨水收集排放到花园绿地中。雨水花园借用铁路线的逻辑与秩序，形成了新的并置结构系统。

首钢西十筒仓景观的特殊性在于与城市的密切联系及内嵌关系，使其发展不只是与公众游憩相关，而是承载着社会的多种职能。同时，面对高强度的多种使用与快速建设，设计在多层的信息系统中使遗存的呈现更为清晰。在尊重原有铁路线，保留传送带等遗存设施的同时，叠加新的设计结构，同时又提供了场地中新的发展机会。尤其在首轮设计方案对室外会议空间的营造中，新的秩序对旧的秩序有着强烈的呼应作用，使保留或是设计要素都参与到了两套认知系统之中，并呈现出未来进一步创造其间联系的可能性。设计促成了入口传送带背景与前方升旗平台进行历史与当代的对话，产生了感知过程的"透明性"；在保留的铁路线与雨水花园的设计中，通过与其产生关联与并置，不仅产生了一种对话，还通过关联的作用，构建了新的生命力与活力，形成了新的具有时代特征的场域。

8.3.3 方法的适用与提升

在当代语境的后工业景观改造实践中，透明性的导向作用与价值，体现在如下几方面（图8-3）。

（1）场地空间骨架保留：针对工业遗存，保留参与场地特质结构形成的相关信息，进行空间骨架的重构。例如Westergasfabriek文化公园对场地储油罐周围整体布局的完整保留与再利用；西班牙LaTancada盐场改造对盐场、池塘格局的保留，在其上结合设置新的步道系统，并使其形成新的生物栖息地。

（2）层化结构的处理：通过关注工业逻辑与生活逻辑所导向的不同结构形式，对差异的层化结构进行并置、对比、结合等不同处理。正如首钢的改造案例揭示了场地新旧之间的对比，同时形成具有模糊关系的协调与磋商；北杜伊斯堡公园的改造设计中，部分区域利用现有空间结构的丰富性，结合置入了新功能，部分区域则形成层化结构之间的分离；西雅图煤气厂的炼油厂废墟更具有"雕塑"特征，与新的景观要素分层置于场地中。

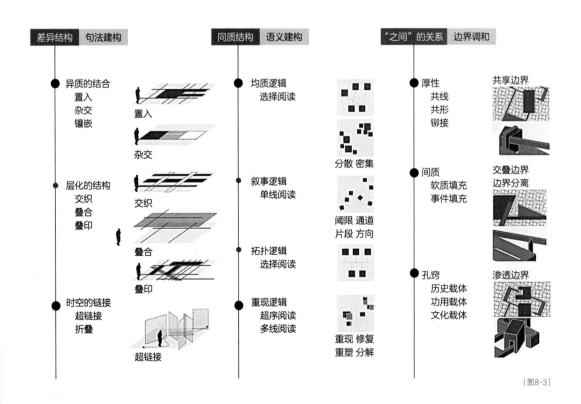

（图8-3）

首钢改造设计关注了工业逻辑、当代生活逻辑与生态逻辑，透明性的导向作用主要体现在边界的共享与功能的杂交、工业遗存与新建构筑的并置、间质中的软性填充等方面。空间形式中的共享边界，形成景观界面的厚性，利用共有边界分别形成完型的状态；分离的差异结构、分层系统的逻辑秩序，激活新与旧之间的间质空间，使不同空间系统可以呈现完整的可感知状态。基础设施叠加与土地改善形成渐进式增长，呈现了历史片段叠加的厚性，间质空间的自我生长，以及新层功能与旧有功能的交互。从而抵抗了在异质结构碰撞与压缩中易出现的碎片化、无意义以及主体认知局限。

　　综上，透明性创造了重新观察历史与场地特质的全新视角。面对需多元包容的时代性问题，透明性所导向的空间建构策略与景观设计方法不是拼杂，而是用于处理特定问题，正视空间矛盾的一种包容性的态度，是对窄化的视觉设计手法与所谓成熟技法的超越。一个世纪前，立体主义开创了人的新的视野，而今天的透明性视角，应该是突破有限的"视框"，完成从图像到空间到场所再到思想的转变，并重新架构起人类、历史和场所之间关系的透镜。

图8-3　针对工业遗存改造设计的适用方法分析（标红示意）

第8章
中国当代语境下景观实践的方法适用

第 9 章

结语

IX

在时空压缩的时代背景下，持续加速的全球化过程及城镇化过程，带来了更多差异性与多元的相互碰撞，并影响着城乡人居环境的混杂与变化。一方面，景观学科须对此作出积极回应，介入与改善人居环境的问题，这成为景观的时代责任，另一方面，面对差异共存的现实，选择将其共同显现，是景观设计行为对场地信息处理的一种选择，体现了解蔽过程对主体认知的多重作用、对多元价值的同时肯定。

本书论述了透明性作为一种空间呈现结果，在解读景观空间方面的适用性，以及与时代背景下人居环境空间中"时空压缩"特征的契合性。因此，研究从哲学、文学、视觉艺术、建筑等多学科的历史理论研究及对比研究出发，建立了景观透明性的基本概念与时空架构模型。从视知觉、现象学等身体空间的理论出发，探讨了透明性基于景观空间三元关系的呈现与相应价值，论述了具有透明性的景观空间如何引发主体的多重阅读与身体经验。通过定义景观空间中的透明性的概念体系和价值体系，将景观时空的架构关系作为直接影响认知主体的体验感知及行为经验的重要载体，其系统性的结构要素决定了空间信息的可见性和可阅读性。通过呈现差异，使主体形成密集的空间印象累积与联想，引发再阅读并进一步对场所产生联想及回忆。由于外部时间与心理时间的差别，主体会在意识中加深对场所的认识。通过解蔽差异及重构场地，空间中的阈限形成了互相之间的呼应，建立起可见与可读的关系，使观者产生丰富的体验认知并获取场所意义。

通过论述当代景观的价值取向的转变对景观空间形成的影响，本研究重申了当代景观语境下透明性呈现的价值，建立了内核价值与应用价值的关联。认为在时空压缩的过程中，主体可以对景观空间及其场地的信息产生多元混杂却又具有全局性、结构性的认知。作为理解广义的场地特质的媒介。透明性创造了戏剧性的张力并且引起感官共鸣，感受到场所意义与情感，更多关注人与场所的互动关系并且创造两者之间的联系与情感，提供了文化多样性、时空感知的多样性，以及形式多样性和意义多样性。它可以投射在不同领域，导向一种解决异质性、多元性关系的设计过程。景观场所叠加式的生长过程，使这种研究更具有学科命题意义与时代命题意义。

在目前研究中，"透明性"常被"泛化""窄化"，或是仅仅停留在解读层面，本研究旨在对这一研究现状进行纠偏及深化发展。区别于建筑等其他学科，景观在场地特质、时空关系的复杂度、主客体交互方式等方面，有着自身的特殊性。这一特征包括了浸入式与延续性的体验方式、无边界与水平性、公共功能的多维聚集、场地信息的嵌入，等等。它的自身特征，决定了景观透明性的全新含义。

透明性的内核特征包括：多维的认知方法，提供多重信息与空间要素的压缩式全览，分层信息价值的同时承认与整体增值性。据此定义景观空间中的透明性："景观空间中的差异性要素被解蔽，并以某种关系共存。认知主体在其中的景观时空架构关系引导下，经由视觉与身体介入形成主客体互动，产生一种多元、深层的洞察。引发这一知觉现象的景观空间具有'景观透明性'"。

透明性作为空间设计结果，针对不同关注层面存在两个反向定义。它作为多元系统、差异要素的组织叠合，与统一、理性、强秩序控制的单一景观空间布局秩序相对立（不同价值导向），同时，它作为被赋予时空意义、强调主客体的极强关联与互动，与不受控的拼贴行为所导致的空间的简单堆叠、失序、混杂、无意义（主客体联系断裂，空间失效）形成对比关系。从建筑语境到景观语境，均有学者提出的连续体（continuum）、关联性空间（relational space）等概念，从时空视角准确揭示了透明性提供主体的完整洞察经验，以及主客持续交互中的空间连续性。

研究在理论框架的基础上建立案例库，利用图解对透明性的景观空间载体进行解读，并进行了三个层次的分类：界面、空间、时空体。界面作为景观体验中的基本组成单元，包含横向界面与竖向界面的体验转换关系，以及"阈限""帧"在主体形成场地整体认知过程中的重要作用；空间的超链接组织，以及场地历史的自我呈现和景观要素的自我叙事性，分别形成了透明性呈现的空间载体及时空体形式。景观透明性的呈现层次，从结构主义角度建立了与相关设计方法理论的联系，在特定分析范围中形成景观专业的精读关键词。

在透明性理论基础上，对以显现差异为出发点的相关设计思想与实践进行研究，对比分析其不同的设计价值观、设计出发点、驱动力，以及设计手法。基于此，形成整合差异、渲染差异、折叠差异、并置差异四个对应具体景观空间状态的方法类别，建立相应的景观空间结构组织思路。

在此基础上，确定基于差异显现的设计方法、工作路径与工具箱，提出抵抗时空压缩负面效应的相关建构手法，包括：建立差异结构的组织句法、构建同质结构中的语义有效性、关注"之间"的空间以形成景观时空架构中特殊维度的观察，等等。基于差异显现的设计方法旨在通过承认与保留叙事意义与文化意义的多样性、多元化的建构活动，从而适应人居环境中混杂与交融的空间状态，并通过景观设计方法将其优化，形成场地增值。

透明性的导向作用，使基于差异显现的设计方法体系区别于其他设计方法，例如：区别于具有若干等级结构的设计方法，这一设计方法关注平行、平等的层级结构；区别于"共生"型的设计方法，这一设计方法不强调化合关系，关注了异质要素间的距离，强调了边界共享或者"同构"的设计结果，并不混淆差异之间的性质界限；区别于对景观系统中不同的隐性、显性物质层面的"耦合"作用结果，这一设计方法关注了直接作用于主体视觉感知与身体经验的多层可见的意义结构、可观想的设计结果，等等。

这一设计方法的研究以"差异显现"为基本出发点，以"建立时空架构"为主线，以透明性呈现为导向，以抵抗"时空压缩"的负面效应为目标，通过全球视野的观察并落脚中国现状，建立了方法理论框架。

本书提出应用不同的视角与方法，对景观场地中的差异性进行梳理与重组，形成应用学科设计视角的拓展，回应当代学科发展中的问题。针对中国当代发展中的具体问题，对三个设计语境进行方法适用的讨论。通过关注国内人居建设中问题的独特性，研究有针对性地探讨"透明性"的导向作用如何抵抗时空压缩的负面效应，实现多元与差异的共存，其中，城市剩余空间的激活，主要关注如何整合差异，利用环境秩序的重置，进行景观整体效用的提升；乡村复兴中的景观呈现，主要关注了文化形式的结合方式，以及乡村叙事性的重组和现代文化活力点的置入作用；后工业改造中的景观重构，关注了层化结构的组织方式与差异结构的边界处理，以厚性、间质、孔窍的构建，实现新旧逻辑关系的对话。

　　景观"透明性"的价值在于对异质、差异共存状态的肯定，以及借由一种时空架构建立主客关联度，使主体不断获取阅读与体验的推动力，从而引向对景观意义、特质的深入理解。透明性并非一种"主义"或"风格"，而是一种存在并可被解读的空间形式。本研究试图脱离较为随意的案例解读，形成从现象到应用的理论体系。通过联系当代景观设计的价值取向，提出基于差异显现的设计方法作为特定语境下的应用理论补充。

　　在之后的研究中，需要进一步关联跨学科的理论，形成学科间对话。通过设计上实践的拓展，针对不同尺度、不同类型的场地，进行设计方法的细化分类。结合中国发展现状需求，针对特定类型城乡空间的景观建设，进行深化的具体应用探讨，例如城乡人居环境中应对特定问题的景观介入方法研究。针对特定设计思想，如场地复写过程在景观设计中的具体体现与工作方法，进行进一步梳理。通过关注不同尺度的实践方式，关注其中的主客关系建立方法，形成辩证的思考。同时，本研究从设计师角度出发，探讨了透明性、差异显现作用下的空间形式与认知主体的互动关系，计划在进一步研究中，从认知主体的角度，进一步探讨这一概念与景观空间解读的相互作用。

参考文献

[1] 伊格拉西·德索拉-莫拉莱斯. 差异：当代建筑的地志 [M]. 北京：中国水利水电出版社，2007：33.

[2] 查尔斯·瓦尔德海，刘海龙，刘东云，等. 景观都市主义 [M]. 北京：中国建筑工业出版社，2011：40.

[3] 戴维·哈维. 后现代的状况 [M]. 北京：商务印书馆，2014.

[4] Blau E. Transparency and the Irreconcilable Contradictions of Modernity [J]. Journal of Writing+ Building, 2007 (9)：50-59.

[5] Feuerstein G. Open Space. Transparency-Freedom-Dematerialization [M]. Berlin: Edition Axel Menges, 2013.

[6] Mertins D. Transparencies yet to come: Sigfried Giedion and the prehistory of architectural modernity [D]. Princeton University, 1996.

[7] Estremadoyro V. Transparency and Movement in Architecture [D]. Virginia Polytechnic Institute and State University, 2003.

[8] Longshore M J. Revealing Transparency: exploring the design potential to effect visual perception [D]. University of Cincinnati, 2010.

[9] Shimmel D P. Transparency in theory, discourse, and practice of Landscape Architecture [D]. The Ohio State University, 2013.

[10] 顾大庆. 从平面图解到建筑空间——兼论"透明性"建筑空间的体验 [J]. 世界建筑导报，2013 (4)：35-37.

[11] 曾引. 形式主义：从现代到后现代 [D]. 天津：天津大学，2012.

[12] 范尔蒴. 空间透明性：日本建筑的当代特征与传统文化渊源 [D]. 北京：中央美术学院，2011.

[13] Olin L D. An American original: on the landscape architecture career of Lawrence Halprin [J]. Studies in the History of Gardens & Designed Landscapes, 2012, 32 (3)：139-163.

[14] 黑川纪章，周定友. 共生城市 [J]. 建筑学报，2001 (4)：7-12.

[15] 柯林·罗，弗莱德·科特，童明译. 拼贴城市 [M]. 北京：中国建筑工业出版社，2003.

[16] Giedion S. Space, time and architecture: the growth of a new tradition [M]. Cambridge: Harvard University Press, 1967.

[17] 海嫩，卢永毅，周鸣浩. 建筑与现代性：批判 [M]. 北京：商务印书馆，2015：54，60，61.

[18] Kepes G, Giedionan S, Hayakawa S I. Language of Vision [M]. Paul Theobald, 1944.

[19] Arnheim R. Art and visual perception [M]. University of California Press, 1954.

[20] 柯林·罗，罗伯特·斯拉茨基. 透明性 [M]. 北京：中国建筑工业出版社，2008.

[21] Bletter R H. Opaque Transparency // Gannon T, eds. The light construction reader [M]. New York: the Monacelli Press, 2002.

[22] Blau E, Nancy J. Architecture and Cubism. Montréal: Centre Canadien d'Architecture/Canadian Centre for Architecture [M]. Cambridge: MIT Press, 1997.34-47.

[23] Gannon T. The light construction reader [M]. Monacelli Press, 2002.

[24] Petit E. Reckoning with Colin Rowe: Ten architects take position [M]. New York: Routledge. 2015.

[25] Schnoor C. Colin Rowe: Space as well-composed illusion [J]. Journal of Art Historiography, 2011, 5：45-58.

[26] Slutzky R. Aqueous-Humor [J]. Oppositions, 1980, 19 (2)：28.

[27] Slutzky R. Rereading Transparency [J]. Daidalos, 1989, (33)：106-109.

[28] Slutzky R. Après le Purisme [J]. Assemblage, 1987, (4)：95-101.

[29] Kazys V. The Education of the Innocent Eye [J]. Journal of Architectural Education, 1998 51 (4)：212-223.

[30] Moholy-nagy L. Vision in motion [M]. New York: Wittenborn and Co., 1947.

[31] Sigfried G. The Eternal Present: The Beginnings of Art; a Contribution on Constancy and Change [M]. New York: Oxford University Press, 1962.

[32] Caragonne A. The Texas Rangers: notes from an architectural underground [M]. Mit Press, 1995.

[33] Vidler, Anthony. Transparency: Literal and Phenomenal [J]. Journal of Architectural Education. 2003, 56 (4)：6-7.

[34] Mertins D. Transparency: Autonomy & Relationality [J]. AA Files, 1996 (32)：3-11.

[35] 刘继潮. 游观：中国古典绘画空间本体诠释 [M]. 北京：生活·读书·新知三联书店，2011：33.

[36] 巫鸿. 全球景观中的中国古代艺术 [M]. 北京：生活·读书·新知三联书店，2017：150-152.

[37] 巫鸿. 重屏 [M]. 上海：上海人民出版社，2009：1.

[38] Ruggles B D F. Values in Landscape Architecture and Environmental Design: Finding Center in Theory and Practice [J]. Reading the American Landscape, 2015, 63 (1)：153-154.

[39] Meyer E. "Site Citations" // Burns C J, Kahn A. Site Matters: Design Concepts, Histories, and Strategies [M]. New York: Routledge, 2005: 93-130.

[40] Weller R. Between hermeneutics and datascapes: a critical appreciation of emergent landscape design theory and praxis through the writings of James Corner 1990-2000 (Part Two) [J]. Journal of Healthcare Management, 2001, 44 (5)：382-95; discussion 395-6.

[41] Treib M. Must landscapes mean: approaches to significance in recent landscape architecture [J]. Landscape Journal, 1995, 14 (1)：46-62.

[42] Corner J. Eidetic Operations and New landscapes in recovering landscapes// Corner J, eds. Contemporary Landscape Architecture [M]. New York: Princeton Architectural Press, 1999: 167.

[43] Jackson J B. Discovering the Vernacular Landscape [J]. Geographical Review, 1984, 75 (4).

[44] 刘拥春. 法国风景园林设计师和艺术家——伯纳德·拉索恩及其作品 [J]. 中国园林，2004 (10)：9-13.

[45] Treib M. Meaning in landscape architecture &

gardens [J]. London: Routledge, 2011.

[46] Meyer E K. Uncertain Parks: Disturbed Sites, Citizens, and Risk Society. In J. Czerniak and G. Hargreaves (eds.), Large Parks [M]. New York: Princeton Architectural Press, 2007: 58–85.

[47] Basta C, Moroni c S. Ethics, Design and Planning of the Built Environment [M]. Springer Netherlands, 2013.

[48] 戴维·英格利斯. 文化与日常生活 [M]. 北京：中央编译出版社, 2010.

[49] Thompson I H. Landscape architecture: a very short introduction [M]. Oxford University Press, 2014.

[50] Sieverts T. Improving the Quality of Fragmented Urban Landscapes–a Global Challenge!. // Seggern H, Werner J, Grosse-Bächle Lucia, eds. Creating Knowledge–Innovation Strategies for Designing Urban Landscapes [M]. Berlin: Jovis, 2008.

[51] 查尔斯·詹克斯, 詹克斯, 丁宁. 现代主义的临界点：后现代主义向何处去? [M]. 北京：北京大学出版社, 2011: 74.

[52] 玛丽亚·巴格拉米安, 埃克拉克塔·英格拉姆. 多元论：差异性哲学和政治学 [M]. 重庆：重庆出版社, 2010.

[53] Jencks C, 李大夏. 世界文化中的多元论. 建筑学报, 1989 (7): 46-53.

[54] 福柯, 王喆法. 另类空间 [J]. 世界哲学, 2006, 6: 52-57.

[55] 伯格森, 冯怀信. 时间与自由意志：Time and free will [M]. 合肥：安徽人民出版社, 2013.

[56] 尼古拉斯·波瑞奥德. 关系美学 [M]. 北京：金城出版社, 2013.

[57] 杨锐. 论风景园林学发展脉络和特征：兼论21世纪初中国需要怎样的风景园林学 [J]. 中国园林, 2013 (6): 6-7.

[58] Olin L. Form, meaning, and expression in landscape architecture [J]. Landscape Journal, 1988, 7 (2): 149-168.

[59] Corner J. Terra Fluxus [J]. Lotus International, 2009, 150: 21-33.

[60] 王骏阳, 冯路. 身体与空间：关于半透明性的对谈 [J]. 建筑师, 2015 (5).

[61] Meyer E K. The Expanded Field of Landscape Architecture// Thompson G F, Steiner F R, eds. Ecological Design and Planning [M]. New York: John Wiley & Sons, Inc., 1997: 45–79.

[62] Mostafavi M, Najle C. Landscape urbanism: a manual for the machinic landscape [M]. London: AA Publication, 2003: 7.

[63] 罗伯特. 文丘里著, 周卜颐译. 建筑的复杂性和矛盾性 [M]. 中国建筑工业出版社, 1997.

[64] Hunt J D. Site, Sight, Insight: Essays on Landscape Architecture [M]. University of Pennsylvania Press, 2016: 4.

[65] 刘滨谊. 风景园林三元论 [J]. 中国园林, 2013, 29 (11): 37-45.

[66] 成玉宁. 论风景园林学的发展趋势 [J]. 风景园林, 2011 (2): 25-25.

[67] Nohl W. Sustainable landscape use and aesthetic perception-preliminary reflections on future landscape aesthetics [M]. Landscape & Urban Planning, 2001, 54 (1): 223-237.

[68] Herrington S. Landscape theory in design [M].

Abingdon: Taylor & Francis, 2016.

[69] 马克·特雷布, 特雷布, 丁力扬. 现代景观：一次批判性的回顾 [M]. 北京：中国建筑工业出版社, 200.

[70] M Elen Deming ed. Values in Landscape Architecture and Environmental Design: Finding Center in Theory and Practice [M]. LSU Press, 2015.

[71] Spirn A W. The language of landscape [M]. New Haven: Yale University Press, 1998.

[72] Elkins J. Art history versus aesthetics [M]. London: Routledge, 2006.

[73] Conan M. Landscape design and the experience of motion //Dumbarton Oaks Colloquium on the History of Landscape Architecture 2003: Washington, DC) [M]. Dumbarton Oaks Research Library and Collection, 2003.

[74] Corner J. Recovering landscape: Essays in contemporary landscape theory [M]. Princeton Architectural Press, 1999.

[75] Alexander C. A city is not a tree [M]. Sustasis Press/Off The Common Books, 2017.

[76] Hoesli B, Jarzombek M, Shaw J P. Bernhard Hoesli, collages: exhibition catalog [M]. University of Tennessee, 2001: 3-11.

[77] 斯特劳斯·列维, 李幼燕. 野性的思维 [M]. 北京：商务印书馆, 1988.

[78] Corner J. Representation and landscape: Drawing and making in the landscape medium [J]. Word & Image, 1992, 8 (3): 243-275.

[79] 冯路. 半透明性 [J]. 建筑师, 2014 (6): 66-72.

[80] Moore K. Overlooking the visual: demystifying the art of design [M]. London: Routledge, 2010.

[81] Mitchell W J. Iconology: Image, Text, Ideology [J]. Leonardo, 1986, 12 (22).

[82] Corner J. The Agency of Mapping: Speculation, Critique and Invention// Martin D, Kitchin, Perkins C, eds. The Map Reader: Theories of Mapping Practice and Cartographic Representation [M]. John Wiley & Sons, Ltd, 2011: 89-101.

[83] Vidler A. Transparency [J]. Journal of Architectural Education, 2003, 56 (4): 6-7.

[84] Diamond B. Landscape Cubism: parks that break the pictorial frame [J]. Journal of Landscape Architecture, 2011, 6 (2): 20-33.

[85] 陈洁萍. 场地书写：当代建筑, 城市, 景观设计中扩展领域的地形学研究 [M]. 南京：东南大学出版社, 2011: 39.

[86] Gandelsonas M. The urban text [M]. Chicago Institute for Architecture and Urbanism, Distributed by MIT Press, 1991.

[87] Thwaites K, Simkins I. Experiential landscape: an approach to people, place and space [M]. London: Routledge, 2006.

[88] 周诗岩. 建筑物与像：远程在场的影像逻辑 [D]. 东南大学出版社, 2007: 65.

[89] Weller R, Barnett R. Room 4.1.3: innovations in landscape architecture [M]. Philadelphia: University of Pennsylvania Press, 2005.

[90] Corner J. Taking Measures Across the American Landscape [J]. AA Files, 1994, 87 (27): 47-54.

[91] Waldheim C, Hansen A, Ackerman J S, et al. Composite landscapes: photomontage and landscape

architecture [J]. Hatje Cantz Verlag GmbH & Company KG, 2014.

[92] 彼得·埃森曼著. 范路，陈洁，王靖译. 建筑经典：1950-2000 [M]. 北京：商务印书馆，2015.

[93] Fairclough G. Via Tiburtina: Space, Movement and Artefacts in the Urban Landscape [J]. Landscape Research, 2012, 37（1）: 137-139.

[94] 朱育帆. 走向"潜质空间" [J]. 城市环境设计，2016, 2: 71.

[95] Hays K M. Hejduk's chronotope [M]. Princeton: Princeton Architectural Press, 1996.

[96] Hejduk J. Victims: a work by John Hejduk [M]. London: Architectural Association, 1986.

[97] 张清嶽. ローレンス·ハルプリン [M]. 第3版. 東京：プロセス アーキテクチュア，1984.

[98] Erdim F. The Nomadic Sedentary [J]. Journal of Architectural Education, 2016（1）: 56-57.

[99] Meyer E K. The post-earth day conundrum: translating environmental values into landscape design [J]. Environmentalism in landscape architecture, 2000: 187-244.

[100] Shields J A E. Collage and architecture [M]. London: Routledge, 2014.

[101] Allen S. Points and lines: diagrams and projects for the city [M]. Princeton: Princeton Architectural Press, 1999: 17.

[102] Allen S. Mat urbanism: the thick 2-D [J]. CASE: Le Corbusier's Venice Hospital, 2001: 118-126.

[103] 翟俊. 基于景观都市主义的景观城市 [J]. 建筑学报，2010（11）: 6-11.

[104] Waldheim C. Landscape as urbanism: A general theory [M]. New York: Princeton University Press, 2016: 2-12.

[105] Frampton K. Towards a critical regionalism: six points for an architecture of resistance [J]. Postmodern Culture, 1983: 16-30.

[106] Corner J. The Thick and the Thin of It-Thinking the contemporary landscape [M]. Chronicle Books, 2016: 119.

[107] Balfour A. Cities of artificial excavation: The work of Peter Eisenman, 1978-1988. Rizzoli International Publications, 1994.

[108] Kirkwood N. Manufactured sites: rethinking the post-industrial landscape [J]. Landscape Architecture, 2001, 91（11）: 92-93.

[109] 埃森曼，陈欣欣，何捷译. 彼得·埃森曼. 图解日志 [M]. 北京：中国建筑工业出版社，2005.

[110] Davidson C C, Allen S. Tracing Eisenman: Peter Eisenman complete works [M]. London: Thames & Hudson, 2006.

[111] Rossi A, Eisenman P. The architecture of the city [M]. Cambridge: MIT press, 1982.

[112] Tschumi B. Parc De La Villette [M]. London: Artifice Books, 2014: 20.

[113] Olin L. The landscape design of rebstockpark Unfolding Frankfurt [M]. Berlin: Ernst&Sohn, 1991.

[114] Hensel M U, Turko J P. Grounds and Envelopes: Reshaping Architecture and the Built Environment [M]. Routledge, 2015.

[115] Eisenman P. Folding in Time, the Singularity of Rebstock [J]. Architectural Design, 1993（102）: 22-25.

[116] 朱育帆. 文化传承与"三置论"——尊重传统面向未来的风景园林设计方法论 [J]. 中国园林，2007, 23（11）: 33-40.

[117] Lassus B. The landscape approach [J]. University of Pennsylvania Press, 1998.

[118] 米歇尔·柯南. 穿越岩石景观：贝尔纳拉絮斯的景观言说方式 [M]. 湖南科学技术出版社，2006: 109.

[119] Conan M. The quarries of Crazannes: Bernard Lassus's landscape approach to cultural diversity [J]. Studies in the History of Gardens & Designed Landscapes, 2003, 23（4）: 347-365.

[120] Weilacher U. Between Landscape Architecture and Land Art [M]. Boston: Birkhauser, 1999.

[121] Hourdequin M, and Havlick D G. Restoring layered landscapes: history, ecology, and culture [M]. Oxford University Press, USA, 2015: 244-247.

[122] 李凯生，徐大路. 物境空间与形式建构 [M]. 中国建筑工业出版社，2015.

[123] Fierro A. Composite Landscapes: Photomontage and Landscape Architecture [M]. Ostfildern: Hatje/Cantz, 2014.

[124] Shields J A E. Collage and architecture [M]. New York: Routledge, 2014.

[125] Heykoop L. Temporality in Designed Landscapes: the theory and its practice in works of some major landscape designers 1945-2005 [D]. University of Sheffield, 2015.

[126] Latz P. Rust Red: The Landscape Park Duisburg Nord [M]. Hirmer Verlag, 2016.

[127] Thompson C W. Landscape Perception and Environmental Psychology [M]. London: Routledge, 2013: 25-42.

[128] Hirsch A B. Expanded "thick description" The landscape architect as critical ethnographer// Anderson J R, Daniel H O, eds. Innovations in Landscape Architecture [M]. Routledge, 2016.

[129] Brighenti A M. Urban interstices: the aesthetics and the politics of the in-between [M]. Routledge, 2016: 21-62.

[130] 章明，张姿，秦曙. 锚固与游离上海杨浦滨江公共空间一期 [J]. 时代建筑，2017（1）: 108-115.

[131] Benjamin W, Lacis A. "Naples", in Reflections: Essays, Aphorisms, Autobiographical Writings, ed. Peter Demetz, trans. Edmund Jephcott [M]. New York: Schocken Books, 1978: 163-73.

[132] Hartoonian G. Walter Benjamin and Architecture [M]. Routledge, 2010.

[133] 徐甜甜，汪俊成. 松阳乡村实践——以平田农耕博物馆和樟溪红糖工坊为例 [J]. 建筑学报，2017（4）: 52-55.

[134] Krinke R. Overview: design practice and manufactured sites // Kirkwood N. Manufactured sites [M]. London: Spon Press, 2001.

[135] Iliescu S. The garden as collage: rupture and continuity in the landscape projects of Peter and Anneliese Latz [J]. Studies in the History of Gardens and Designed Landscapes, 2007, 27（2）: 149-181.

致谢

感谢导师朱育帆教授11年来对我的悉心指导与帮助、信任与包容。他敏锐深刻的学术见解使我不断受到启迪，严谨的治学态度将使我受益终生。

感谢清华景观系的杨锐教授、刘海龙教授、郑晓笛教授对本书写作提出的建议。感谢美国伊利诺伊理工学院的Ron Henderson教授、宾夕法尼亚州立大学景观学系的Eliza Pennypacker教授、Peter Aeschbacher教授、Denise Costanzo助理教授、吴竑助理教授对本研究提供的帮助。感谢北京林业大学的李雄教授、王向荣教授对本书提出的宝贵建议。感谢北京建筑大学的金秋野教授、清华大学建筑系的范路教授提供的建筑理论方面的研究建议。

感谢师母姚玉君老师和一语一成工作室的前辈、同事们的帮助。

感谢清华大学景观学系全体老师在学习过程中给予的指导。感谢同门和同窗好友对我的帮助，感谢杨希、许愿、边思敏、廖凌云在学习和写作中给予的鼓励。

感谢我的父母与家人对我学业和生活上的支持。

图书在版编目（CIP）数据

景观透明性与基于差异显现的设计方法 =
Transparency of Landscape Architecture and Design
Approaches Based on Revealing Differences / 魏方著
. —北京：中国建筑工业出版社，2020.12
（清华大学风景园林设计研究理论丛书）
ISBN 978-7-112-25790-4

Ⅰ.①景… Ⅱ.①魏… Ⅲ.①景观设计—研究 Ⅳ.
①TU983

中国版本图书馆CIP数据核字（2020）第267533号

责任编辑：兰丽婷　杨琪
书籍设计：韩蒙恩
责任校对：赵菲

清华大学风景园林设计研究理论丛书

景观透明性与基于差异显现的设计方法

Transparency of Landscape Architecture and Design Approaches Based on Revealing Differences

魏方　著
*
中国建筑工业出版社出版、发行（北京海淀三里河路9号）
各地新华书店、建筑书店经销
北京锋尚制版有限公司制版
北京中科印刷有限公司印刷
*
开本：787毫米×1092毫米　1/16　印张：11¼　字数：206千字
2021年12月第一版　2021年12月第一次印刷
定价：58.00元
ISBN 978-7-112-25790-4
（37043）